為何害怕
核能與輻射？

林基興—著

臺灣商務印書館

作者序
──眾口鑠金？眾志成城？

媒體為何經常報導核能電廠事故？為何民眾這麼害怕核能與輻射？

美國社會學教授貝思特（Joel Best）指出，「公眾議題」就是有人出來呼籲、吸引眾人注意、給問題「命名」（最好「聳動」），因此，議題是「建構」（constructed）出來的。製造議題的過程就如一群優秀的演員所演出的戲碼，致力於宣傳訴求、招募信徒。另外，人們在爭辯議題時，總是選擇性地提出統計數字，作為有利的證據。還有，為了凸顯議題，建構者有誇大和提出最糟估計的傾向，因為駭人聽聞的說辭能轉化成強而有力的新聞。

「核能」爭議就是個建構的問題，若非反核者與媒體一再「炒作」，大家不會這麼驚慌地以放大鏡檢視它。美國國家工程院院士郭位於 2011 年 9 月 22 日發表文章提到，撇開心理因素與政治炒作，核電廠造成的危害與其他工安隱患相比微不足道。就像「看到別人眼中的刺，但卻看不見自己眼中的樑木」，民眾確已過度注意核能了。

問題的根源是什麼呢？中山大學電

美國社會學家貝思特（Joel Best）

核能電廠

機系 C 教授點出「反核者多數不了解核能科技」：核四廠停建期間，高雄某社團舉辦反核記者會，他花了二小時聽一群外行人對話，反核人士與記者均不懂核能。另例是，日本福島核能事故後，某旅日作家突然變成核能專家，發表文章說核四若釀災，台灣七百萬人瞬間致癌；她有迫害幻想嗎？

為何專家不澄清呢？中研院動物所某魚類專家在「祕雕魚事件」時感嘆，學者若出面說明則成為反核人士（團結、大聲）的箭靶，被抹黑為「御用學者」而遭圍剿；因此，專家寧可明哲保身，而社會上只見反核者在哇哇叫。媒體難辨科學是非，但喜歡抗爭與聳動，樂得加油添醋地報導；民眾從媒體中學科技，受到誤導而害怕；結果，整個社會惡性循環地恐慌。

福島事故讓反核聲大，總統在 2011 年底決定核電廠不延役，這是「眾口鑠金」的結果？相對地，法國已有八成為核電，大部分國民仍支持核電，這可是「眾志成城」？為何國民意向差這麼大？我國需要眾口鑠金或眾志成城？

本書志在澄清核能發電相關的疑慮，希望民眾祛除「核能恐慌」。

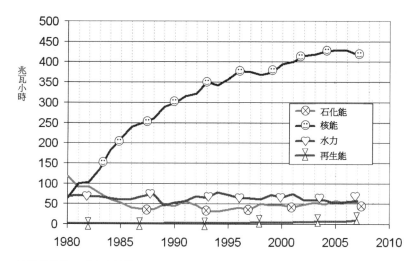

兆瓦小時

	石化能
	核能
	水力
	再生能

法國發電量八成來自核能

目　錄

一、輻射常識

　　地球上的生命和動力，可說來自太陽光，因為若無它，則光合作用和動植物、煤和石油、風力、水力等均無從產生；太陽光來自太陽內核子反應的能量所產生，因此，地球上的能源，直接或間接來自核能。正如著名環保健將拉福拉克（James Lovelock）在 1988 年書《蓋婭的時代》（The Ages of Gaia）所說：「我們的原核細胞祖先，是在某星體核子爆炸後丟出的行星上演化出來的。組成地球與人類的元素，來自該星體。」演化中的地球一直釋放輻射，地表岩石等多種物質在我們周遭放出天然的輻射。

拉福拉克（James Lovelock）

　　毒物學名言「萬物是否為毒，關鍵在劑量」。我們可與一些輻射劑量和平共存，因為我們具有「自我修復」的能力，例如，人體細胞內的抗癌蛋白質「p53」（又稱「基因體守護者」），具有抑制細胞生長與維持遺傳物質完整性的功能，

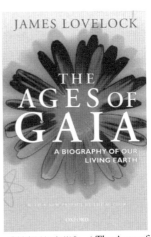

《蓋婭的時代》（The Ages of Gaia）

醫院放射治療癌症的原理與此相關。因此，我們須知環境自有輻射，人身也放出輻射；若一聽到「輻射」，就以為大禍臨頭，則只是自找傷害（積憂成疾……）。

1. 輻射是什麼？

輻射指能量以波或次原子粒子移動方式傳送，從輻射源向各方向放射。一般可依其能量的高低及游離物質的能力，區分為游離輻射（例如，X 光，其能量足以將電子打離原子軌道）或非游離輻射（例如，紅光，其能量不足以將電子打離原子軌道）。

從放射性物質放出的射線，稱為放射線，其分類為高能量的帶電粒子（阿伐射線、貝他射線、重離子射線）、高能量的電磁波（X 射線、加馬射線）、不帶電的粒子（中子）等。放射性的蛻變率（或輻射強度）會隨時間而遞減。輻射強度每減少一半所需要的時間稱為半衰期。各放射性物質核種的半衰期都是固定的，而且都不相同，有如人的指紋一般，例如，國內發現的輻射鋼筋內所含放射性鈷（鈷-60）的半衰期為 5.26 年。

阿伐射線穿透能力非常弱，因此幾乎可以不用任何屏蔽。貝他射線則可用輕質量物質阻擋。加馬射線與 X 射線均強，需鉛等重物質屏蔽。中子的屏蔽遠比加馬射線與 X 射線的屏蔽複雜，但一般環境極少有中子。與輻射源保持距離時，空氣即可吸收掉部分的輻射，尤其是帶電的粒子輻射。例如，阿伐粒子在空氣中僅能行進數公分的距離，而貝他粒子也只

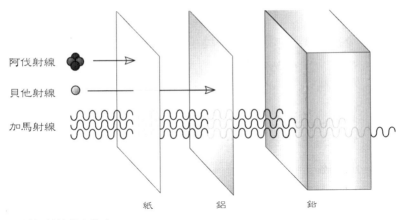

阿伐射線

貝他射線

加馬射線

紙　　　　鋁　　　　　鉛

三種輻射的貫穿能力

有數十公分而已。阿伐射線與貝他射線的穿透力很差，即使直接與人的表皮接觸，也很難穿透表皮組織，遑論傷害深層器官。但如釋出阿伐射線或貝他射線的物質，進入體內，則釋出的能量會被組織器吸收，造成體內的劑量比貝他射線與加馬射線大。

1.1. 輻射的單位

輻射的單位分為放射性活度單位和輻射劑量單位兩大類。

(1)活度：放射性核種於每單位時間內產生自發性蛻變的次數，稱為活度，單位為「貝克」（Bq）。1貝克＝每秒發生一次蛻變。另外一個常用的單位為「居里」。1居里（Ci）＝ 3.7×10^{10} 貝克。

(2)吸收劑量：每單位質量的物質（公斤）平均吸收的輻

射能量（焦耳），單位是「戈雷」（Gy）。1戈雷＝每公斤1焦耳。每小時平均所接受的吸收劑量稱為吸收劑量率，單位為每小時的戈雷數。

(3)等價劑量：不同種類的輻射照射人體的組織或器官，雖使人體組織有相同的吸收劑量，但卻會造成不同程度的傷害現象。為此，針對不同種類的輻射訂出「輻射加權因數」，代表不同輻射對人體組織造成不同程度的生物傷害。等價劑量表示輻射對組織器官傷害，單位是「西弗」（Sv）。等價劑量（西弗）＝ 吸收劑量（戈雷）乘以輻射加權因數。千分之一西弗為毫西弗（mSv）。單位時間內平均所接受的等價劑量稱為等價劑量率，例如，每年的毫西弗數（mSv/y）。

(4)有效等價劑量：人體各組織器官對輻射的敏感度不同，雖各受相同的等價劑量，但健康損失（罹癌……）的風險卻不同。訂「組織加權因數」代表各組織器官受輻射之傷的機率。把各組織器官的等價劑量，組織加權因數相乘再加總，即成有效等價劑量，代表全身的輻射劑量，用來評估輻射可能造成我們健康效應的風險，單位也是西弗。例如台灣地區的民眾，平均每年接受天然背景輻射劑量約2毫西弗，與全世界的平均值（2.4毫西弗）差不多。

表一：輻射劑量單位

量	單位	單位量	舊輻射單位
活度	貝克（Bg）	1／秒	（27.03／兆）居里（Ci）
吸收劑量	戈雷（Gy）	焦耳／公斤	100 雷得（rad）
等價劑量	西弗（Sv）	焦耳／公斤	100 侖目（rem）

2. 天然與人為的輻射

天然輻射包括來自太空的宇宙射線，和生活環境（土壤、岩石、建材……）的天然放射性物質及其子核種等體外輻射，加上人體和食物造成的體內輻射。

地球誕生於四十五億年前（生命的誕生晚十億年）。地球生成時存在的短半衰期放射性物質，如今均已消失，只剩長半衰期的（鉀-40、鈾-238、鈾-235、釷-232）與穩定的核種。因土壤及岩石中含這些長半衰期的放射性元素，臺灣的千枚岩、頁岩、板岩等為輻射劑量較高的岩類。另外，由於諸如煤礦的開採與利用過程中，會將這些天然放射性物質帶到地面上。還有，燃煤產生的大量煤灰，以及水泥與混凝土等建材，均含輻射。

宇宙射線是來自外太空的帶電高能次原子粒子，大部分是質子，然後是阿伐粒子、重元素、加馬射線、超高能微中子。宇宙射線在地球上產生了一些放射性同位素，例如，碳-14。人類環境中的背景輻射，部分來自宇宙射線，例如，

澳洲人每年受到 2.3 毫西弗的劑量，其中 0.3 毫西弗來自宇宙射線。

宇宙射線的強度隨海拔高度變化，每升高 2,000 公尺，宇宙射線的強度約增加一倍。另外，因為地磁會影響各種帶電粒子運動方向，高緯度地區的宇宙射線也較低緯度地區強。台灣地區海平面宇宙射線劑量約每年 0.27 毫西弗、阿里山高 1,500 公尺劑量 0.54 毫西弗、玉山 3,000 公尺高則為 0.81 毫西弗。搭乘飛機亦會增加宇宙射線所造成的劑量，一般搭機民眾，因時間短而宇宙射線劑量少，無須擔心。美國聯邦飛行管理局建議：飛機機員 5 年的平均有效劑量為每年 20 毫西弗，單一年不超過 50 毫西弗。

經由呼吸、飲水、攝食等，人體內最主要的放射性核種為鉀-40，其他的有氡-222、鐳-226、釙-210、鉛-210 等核種。鉀-40 特別容易累積在生物肌肉和體液系統內。一個體重 70 公斤的人身上含有約 130 公克的鉀元素，其中放射性鉀-40 則重 0.0157 公克，因此人體的鉀-40 活度估算約為 4,000 貝克。

此外，香煙與動物內臟中亦含有天然放射性核種釙-210（半衰期為 138.4 天），釙-210 會經由土壤吸收累積於煙草中，或經由動物食用牧草而累積於動物內臟中。若每天抽 1.5 包香煙，吸入的年有效劑量約 10 毫西弗。

放射性物質進入體內的途徑包括⑴飲食：如手或食物飲料中有放射性物質。⑵呼吸：如果空氣中有放射性氣體、塵粒蒸汽。⑶傷口：經由外傷傷口進入人體。⑷皮膚：一些放射性物質（氚、碘等），可經由毛孔入侵人體。

在天然輻射劑量方面，台灣為 2.0 毫西弗，其中體外為 0.8 毫西弗，體內量為 1.2 毫西弗。全世界的平均值為 2.4 毫西弗，高曝露地區（海拔較高的位置）大約是平均值的五倍。

人為因素產生的輻射，例如醫療診斷、使用含放射性之民生用品、核爆落塵、核能發電等屬之，其中以醫療診斷為人造輻射的主要來源（占 15 ％），核能發電每年所造成的輻射劑量比例不及 0.1%。

表二：各國天然輻射劑量評估值的比較（單位：每年的毫西弗量）

類別	世界平均	美國	日本	台灣
體外輻射	0.77	0.56	0.67	0.82
體內輻射	1.62	2.39	1.03	1.16
合計	2.4	3.0	1.7	2.0

資料來源：聯合國原子輻射效應科學委員會（UNSCEAR），1993

3. 輻射的健康效應

人體組織器官所含細胞種類與比例不同，對放射性的敏感度有差異。通常含分裂性細胞比率較高、繼續細胞分裂、形態與功能尚未分化的細胞等，其組織器官的放射性敏感度較高，較易受輻射傷害。因此，人類在出生前是最敏感的，然後敏感度會隨著年紀增加敏感度會下降，直至成年為最具抗性的時期，到老年人輻射敏感度又增加。

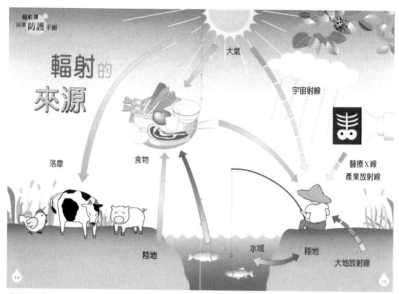

各種輻射

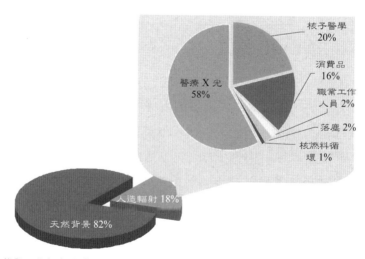

天然與人為輻射比率圖

8 — 為何害怕核能與輻射？

一般游離輻射劑量比較圖

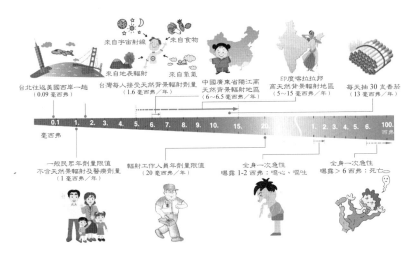

台北往返美國西岸一趟
（0.09 毫西弗）

來自宇宙射線　來自食物

來自地表輻射　來自氧氣

台灣每人接受天然背景輻射劑量
（1.6 毫西弗／年）

中國廣東省陽江高
天然背景輻射地區
（6～6.5 毫西弗／年）

印度喀拉拉邦
高天然背景輻射地區
（5～15 毫西弗／年）

每天抽 30 支香菸
（13 毫西弗／年）

毫西弗　0.1　1.　2.　3.　4.　5.　6　7.　8　9.　10.　15.　20.　1.　2.　3.　4.　5.　6.　100. 西弗

一般民眾年劑量限值
不含天然景輻射及醫療劑量
（1 毫西弗／年）

輻射工作人員年劑量限值
（20 毫西弗／年）

全身一次急性
曝露 1-2 西弗：噁心、嘔吐

全身一次急性
曝露 > 6 西弗：死亡

醫療游離輻射劑量比較圖

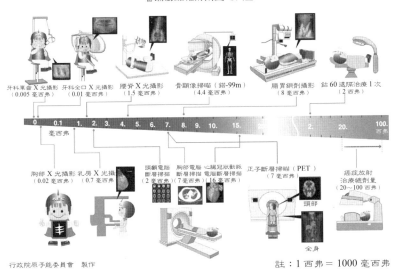

牙科車會 X 光攝影
（0.005 毫西弗）

牙科全口 X 光攝影
（0.01 毫西弗）

腰脊 X 光攝影
（1.5 毫西弗）

骨顯像掃描（鎝-99m）
（4.4 毫西弗）

腸胃鋇劑攝影
（8 毫西弗）

鈷 60 遠隔治療 1 次
（2 西弗）

毫西弗　0　0.1　1.　2.　3.　4.　5.　6　7.　8　9.　10.　15.　20.　100. 西弗

胸部 X 光攝影
（0.02 毫西弗）

乳房 X 光攝影
（0.7 毫西弗）

頭顱電腦
斷層掃描
（2 毫西弗）

胸部電腦
斷層掃描
（7 毫西弗）

心臟冠狀動脈
電腦斷層掃描
（16 毫西弗）

正子斷層掃瞄（PET）
（7 毫西弗）
頭部

癌症放射
治療總劑量
（20～100 西弗）

全身

行政院原子能委員會　製作

註：1 西弗 ＝ 1000 毫西弗

3.1. 輻射傷害的機制

游離輻射的能量被細胞吸收後，即傳遞給細胞中組成比占八成以上的水分子，產生游離和反應性強的游離基，再引起損傷分子的反應。活體外的實驗顯示，人體細胞能從輻射傷害中修復；若劑量不高，給予細胞足夠時間，則細胞可從輻射傷害中修復。細胞內的修復是細胞自然生物化學的修復機制。

輻射對人體的健康效應，分為(1)機率效應和(2)確定效應。當人體在短時間內接受劑量超過某一程度以上時，因為許多細胞死亡或已無法修復，因而產生疲倦、噁心、嘔吐、皮膚紅斑、脫髮、血液中白血球和淋巴球顯著減少等症狀。當接受劑量更高時，症狀的嚴重程度加大，甚至死亡，這種情況稱為確定效應。通常確定效應必須在接受劑量超過一定程度以上才會發生，否則就不會產生確定效應。另外，健康效應發生在受照射本人身上的，稱為軀體效應，若發生在受照射者的後代子孫身上的，稱為遺傳效應。

表三：輻射的健康效應

軀體效應	急性效應	皮膚發生紅斑 骨髓、肺、消化道傷害、白血減少、不孕、噁心、嘔吐、腹瀉	確定效應
	慢性效應	白內障、影響胎兒	
		白血症、癌症	機率效應
遺傳效應	遺傳基因突變或染色體變異所發生的各種疾病		

軀體效應又可分為急性效應（一週內白血球減少……）與慢性效應（白血病潛伏期可長達二十年……）。遺傳效應指遺傳基因的突變，或染色體本身斷裂等引起染色體異常，所造成的結果。其實，遺傳基因突變或染色體異常也會自然發生，輻射可能增加發生的機率而已，大約每西弗的劑量可增加自然發生機率的一倍。不過遺傳基因引發遺傳疾病的罹病率很低，直接受父母遺傳的影響僅約 0.1%，而染色體引起罹病率約為 0.6%。延遲性影響指輻射後經過相當長的時間才發病，例如，惡性腫瘤（含白血病）、白內障、不孕。但這些症狀也可能來自其他原因，使得因果關係很難確定。

3.2. 日本原爆輻射效應

美國國家科學院在 1946 年成立「原子彈傷亡委員會」，研究日本廣島與長崎在原子彈爆炸（1945 年）後，倖存者的健康情況。1975 年，由美日聯合組成「輻射效應研究基金會」（Radiation Effects Research Foundation）接替，至今仍在

原子彈傷亡委員會與輻射效應研究基金會

運作中。

　　廣島人口數約 34～35 萬,原子彈爆炸後,二到四個月內死亡者約 9～17 萬;至於長崎,人口數約 25～27 萬,死亡約 6～8 萬。廣島與長崎的輻射劑量,在爆炸後一週內只剩一成,一年內即少於自然背景值。

　　美日聯合研究其中二十萬倖存者和他們的子女,這是有史以來,在人群中最廣泛的健康效應研究。其結果成為全球輻射健康效應(尤其是癌症)的首要指引,包括制定職業曝露標準、評估曝露於醫學輻射源(電腦斷層掃描與其他診斷過程)。原爆後半數人口在 2007 年還生存著,其中九成在當時不到十歲。

　　研究重點在「壽命研究群」(十二萬人),他們住在廣島和長崎,其中九萬人在爆炸方圓十公里內,而其半數在 2.5 公里內(剩餘半數在 2.5 和 10 公里中)。壽命研究群之內有一部分人為「成年人健康研究群」(一開始有二萬人),他們每二年健檢一次,清楚顯示其所有疾病的情況,這在廣島和長崎的官方腫瘤登記簿與死亡證書中不一定有。

　　輻射健康效應和劑量有關,而劑量和輻射源距離最相關。1~1.2 公里以內者約一半人數倖存,其骨髓劑量為 3,500～4,500 毫西弗。兩

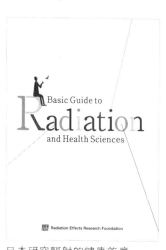

Basic Guide to

Radiation

and Health Sciences

Radiation Effects Research Foundation

日本研究輻射的健康效應

地民眾死因為爆炸力、熱、輻射。離爆炸點每增加200公尺，所受輻射劑量約少一半。離四公里約 0.1 毫西弗。

在三十歲時受到 100 毫西弗的劑量，其致癌死亡的風險增加率為 21%，比正常人（20%）多 1%。民眾日常累積輻射劑量到總量 100 毫西弗時，一生致癌死亡的風險增加率為 0.5～0.7%。

最早發現的延遲效應是白血病，在 1940 年代晚期出現。白血病死亡率占所有癌症死亡率的 3%，而占所有死亡率的 1%。白血病發病率約與劑量成正比。受曝露時，孩童罹患白血病的風險高於大人。發病率約在曝露八～十年時達到高峰。在炸點 2.5 公里內（約 200 毫西弗），癌症增加率約 10%。

倖存者中有些小量但統計顯著的額外風險：心血管、消化道、呼吸道和非惡性的甲狀腺疾病。尤其是，輻射造成的心血管死亡者約為其造成癌症死亡者的三分之一。兒童成長遲緩風險也增加。

從原子彈爆炸後生還者三萬個兒童之遺傳效應，在統計上未發現有顯著的遺傳疾病（受曝者最高劑量達 400 毫西弗），其遺傳風險非常低，原因在妊娠期間胚胎發展及發育會自行修復。與自然發生遺傳疾病相比非常小。

3.3. 理性的輻射觀

牛津大學核子與醫學物理學家頁里森（Wade Allison），2009 年曾出書《輻射與理智》[1]。他指出，人們對游離輻射的

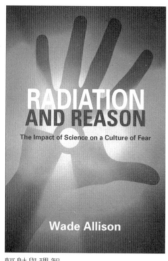

輻射與理智

看法實在沒道理，「輻射」這個字讓人害怕。美蘇冷戰之後，流行的觀點是游離輻射會傷人，必須盡全力避免。事實上，輻射沒我們所想像的那樣傷人。這幾年，全球暖化與海水上漲已到緊要關頭，減少排放溫室氣體則刻不容緩；核能的「碳足跡」在各種能源中，算是相當乾淨；因此，重新檢視輻射的實況，正是時候。

害怕輻射隨著核子戰爭而來。之前，科學對輻射的健康效應，不確定性甚高。因此，既然大家均憂心，嚴格規範可讓大眾受傷減到最低。自從 1950 年，民眾的輻射劑量已經嚴格一百五十倍。目前，國際建議值為自然背景（每年 2 毫西弗）之外，不超過每年 1 毫西弗。我們可比較一下，通常電腦斷層掃描的劑量為 5 毫西弗、X 光照骨折或牙齒的劑量約 0.05 毫西弗。

半世紀以來，科學界自臨床醫學、輻射生物學、車諾比之類意外等，學到許多新知識。無疑地，超高劑量會致人於死，就像車諾比事故時，最先進場的二百三十七位消防隊員，

---

① 該書在日本福島核能電廠事故後出「日文版」（2011 年）；作者也應邀在日本東京外國記者俱樂部演講「輻射與理性：福島之後」（Radiation and Reason: Fukushima and After）。

幾週後，二十八人死亡，其中二十七人受到劑量超過 4,000 毫西弗。其實，許多人受到遠高於此的劑量，只是情景迥異：醫院病患接受輻射治療時，腫瘤在接受超過 40,000 毫西弗後會滅亡。輻射治療時，腫瘤旁的健康組織會受到約 20,000 毫西弗的劑量，其值約為國際規範的二萬倍，而約為車諾比已知致死劑量的五倍。

　　人體組織如何在輻射治療時，在「波及無辜」的高劑量下倖存？劑量就是劑量，不因來自核能廠或醫院，對人的效應就有差別待遇。關鍵在於治療時，劑量分攤到四～六週，讓人體細胞可自我修復（例如，腫瘤抑制蛋白 p53 能活化 DNA 修復蛋白，避免癌症發生）。每天，健康細胞接受約 1,000 毫西弗，而可自我修復成功。腫瘤細胞接受更高劑量，而無以自救。以上是短期急性效應，至於長期效應呢？若使用公共衛生方法，就是找許多人（樣本數很大），其中部分人曾受到相當的輻射劑量，另一部分人則否；剛好人類已有現成資料：1945 年 8 月，日本廣島嶼長崎受到原子彈轟炸，科學界經由後續追蹤，獲得許多資料。約 66% 的居民活過 1950 年；到 2000 年，7.9% 居民死於癌症；至於其他類似城市（但沒受核彈）的居民罹癌率約 7.5%。因此，核彈輻射所導致的額外罹癌增加率，和背景值相比為很小；此額外值（五十年來 0.4%）比一個美國人五十年中死於路上交通事故的機率之 0.6% 還小。

　　居民受到劑量少於 100 毫西弗時，並無明顯的致癌增加率，也無肢體變形、心臟病、畸形胎兒等的增加率。因此，

一次急性劑量的規範在 100 毫西弗，是務實的。從輻射治療學與核彈倖存者，我們可知現有輻射安全規範太嚴格。明顯地，人體在演化過程中，已學到如何修補或消除受傷細胞，而失敗率低。因此，頁里森建議：人類可將安全規範上限調為一生中不超過 5,000 毫西弗，而一個月不超過 100 毫西弗。這是輻射治療劑量的一小比例劑量，分攤於一生中。

3.4. 處處風險：導致遺傳缺陷

美國工程院院士科恩（Bernard Cohen）

為瞭解核電輻射的遺傳效應，我們可以比較「會導致遺傳缺陷」的人類活動。例如，晚婚生子會導致一些基因突變的疾病，包括唐氏症[②]、其他染色體異常症狀。

美國工程院院士科恩（Bernard Cohen）提到，研究顯示，若美國大規模核能發電（約現有二倍多），其對個人的輻射效應

[②] 唐氏症的正式名稱為「唐氏症候群」（1965 年世界衛生組織定名），患病兒智商低、腦小、猿皺扭曲面部特徵、過輕。又有不斷復發傳染病、心臟病、弱視、弱聽等。沒有相應的治療方法。其母親的心理創傷甚巨。1866 年，英國醫生唐氏（John Down）首次發表此病症，因他認為像東方人，就取「蒙古症」做為病名，此後百年間均沿用此名，但後來醫學界認為這種叫法不尊重而改名「國際人」。1959 年，法國遺傳學家勒瓊（Jerome LeJeune）發現唐氏症候群是由人體的第二十一對染色體的三體變異造成的現象；這也是人類首次發現的染色體缺陷造成的疾病。

約等於延遲懷孕 2.6 天。美國人在 1960～1973 年間，約延遲五十天開始當父母親，因此，此種晚婚生子情況導致的嬰兒異常，約比大規模核電導致的多二十倍。其實，上述的核電效應來自老鼠等動物實驗，至於對人類的效應，最佳的證據來自日本核彈災民研究，但並沒發現下一代孩子有異常增加的遺傳效應。如果人比鼠更易受到輻射影響，則應已發現較多的遺傳疾病，事實上沒有，因此，我們對於使用研究老鼠資料來評估人類，就有信心沒低估風險。

另外，空氣污染和一些化學物質會導致遺傳疾病。已知的誘變劑（mutagenic substance）超過三千五百種，諸如重亞硫酸鹽（來自二氧化硫）、亞硝胺與亞硝酸（來自氮氧化物）；而二氧化硫和氮氧化物為燃煤（電廠）最重要的空氣污染成分。其他來自燃煤的誘變劑，包括苯芘、臭氧等。「化學品導致人的遺傳效應」相當複雜難解，相對地，輻射的效應則清楚易解。

科學家已知咖啡因和酒精會導致遺傳缺陷；美國國家科學院院刊曾有研究文章顯示，在遺傳效應上，一盎司（28.35公克）的酒精約等同輻射劑量 1.4 毫西弗，而一杯咖啡約等同 0.024 毫西弗。英國科學期刊《自然》曾有研究文章顯示，也許導致遺傳缺陷的最平常方式為「男人穿褲子」，這會「暖化」性細胞而增加自發性突變（遺傳疾病的主因）的機率。粗估男人穿褲子五小時，約等同 0.01 輻射劑量毫西弗的效應。

3.5. 比起電腦斷層，核輻風險太誇大

2011 年 3 月 28 日，國家衛生研究院溫啟邦研究員，為文指出，日本核電廠輻射外洩，媒體爭相「恐嚇」民眾。其實，我們天天都曝露在不同強度的輻射中，坐飛機、吸菸、吸二手菸、到醫院照 X 光，都在接受不同劑量之輻射。台灣每年有二三百萬人在醫院接受斷層掃描的檢查[3]。醫學《新英格蘭期刊》推估，一次掃描的輻射相當於一個人站在長崎廣島原子彈落點一至二公里處的輻射。台灣近十幾年間全國的一、二千萬次掃描，其輻射相當於幾百個核電廠外洩後的曝露。

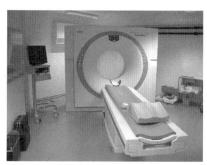
電腦斷層掃描-1

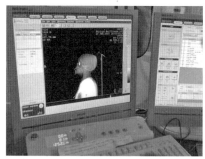
電腦斷層掃描-2

他澄清，輻射對健康固有風險與影響，但不是洪水猛獸，也不是海嘯。輻射是看不見的危害，是充滿神秘感的，又有原子彈噩夢，帶給人們的風險感受是會以小放大，誇大其恐怖性，但其實是似大實小的。也帶給許

---

③ 輻射診療對於病患的益處遠大於輻射所造成的風險，在國際輻防管制法規上，對於醫療輻射劑量並無劑量限制之規定。

多不做功課的媒體，製造聳人聽聞的報導的空間，帶頭散佈可能發生最壞情況的報導。我們對不同風險能否接受，在主觀直覺上，是一種與利益的交換，與風險大小並不是成正比。常常是大風險反而能接受，而小風險不能接受。坐飛機有風險，我們都願接受，因為有利益。民眾認為核電廠帶給我們的利益，短期看不出來，就疾呼要求零風險。

溫啟邦以經驗指出，我們天天面對無數的風險，不可能全部都不要，只能抓大放小，致力於從如何減少最大的著手。國人誇大自己看到的風險而振振有詞。其實，在台灣最大的健康風險，是吸菸、嚼檳榔、不運動、騎機車、肥胖、酗酒、醫療錯誤，不是核電廠。我們對核電廠的風險感受，相當負面，因有其神秘風險的特徵。殊不知這些特徵被誇大被利用，沒做科學整體宏觀求證下，媒體長期洗腦我們，使風險感受與實質風險產生很大的差距。

4. 民眾害怕輻射：主因是媒體宣染

2006 年 12 月 5 日，義大利羅馬大學雷帕丘立教授（Michael Repacholi，世界衛生組織前輻射與環境衛生組協調人）在台北指出，所有日本癌症病例的3%來自斷層掃描，為何沒人擔心其輻射？民眾害怕輻射源自過去的事件，更重要的是媒體報導。抽菸者在每支菸中吸入放射性釙-210（為鈾的衍生物，種植菸草時被選擇性地吸收）；釙-210 為劇毒性阿伐放射源，頗傷肺，每天抽一隻菸相當於一年十次胸部 X 光檢查；為何民眾不在意抽菸？

游離輻射是環境因子中最受研究的，世界衛生組織資料庫中已存超過一萬篇的研究報告。

　　我國民大約有二至三成終其一生可能罹患癌症，因此，若要將癌症歸罪於某特定因子，須經嚴謹科學分析與驗證。

5. 高輻射地區並沒更危險

　　劑量不特別高時，多一些或少一些劑量，似乎對人體健康沒差別。

表五：世界高輻射背景地區與劑量

地區或國家名稱	年劑量（毫西弗）
伊朗 Ramsar 市	6～360
印度 Kerrafa 區十個村莊	平均 13
巴西 Espirito Santo	0.9 至 35
大陸福建鬼頭山區	平均 3.8

資料來源：國際原子能總署簡訊 1991 年、聯合國原子輻射效應科學委員
　　　　　會 1962 及 1992 年報告。

　　世界上有些地區「雖具不同的天然輻射劑量，但罹癌率沒差異」。例如，美國柯羅拉多州土壤中的鈾含量很高，因為高緯度其天然輻射約為全國平均值的二倍，但是該州的癌症率比全國平均值低 35%。可知，輻射並非癌症的重要原因。

　　又如，印度喀拉拉邦的岩石含高放射性物質「釷」，居

民每年每人接受天然背景輻射劑量值為 5～15 毫西弗，是台灣的三～九倍。但是，印度醫學院、區域癌症中心、日本醫學院等成員組成的團隊，針對印度十七萬居民進行高天然背景輻射的癌症發生率調查，2009 年發表報告顯示癌症發生率並未出現異常。

6. 輻射劑量規範

現今訂定的輻射劑量安全規範如下：

表六：輻射劑量規範

目的	組織器官	劑量限度（毫西弗／年）	
		輻射工作人員[④]	一般民眾
抑低機率性效應	全身	每年 20	1
防止確定性效應發生	皮膚或四肢	500	50（皮膚）
	眼球水晶體	150	15

6.1. 實例

針對國人日常生活遇到的情況，原子能委員會歸納一些時例如下表：

[④] 2011 年 12 月 28 日，媒體報導，一年半前（2010 年 4 月），一位台大醫院專業核醫藥師徒手調製放射性造影劑，輻射曝露劑量高達法規安全限值（皮膚或四肢每年接受輻射劑量不得超過 500 毫西弗）的十倍（5,000 毫西弗），但台大醫院經一年多的追蹤，未出現輻射病變。

表七：一些輻射劑量

< 0.002 毫西弗	蘭嶼貯存場（每年）
< 0.01 毫西弗	核電廠放射性廢料倉庫（每年）
0.02 毫西弗	胸腔 X 光照相（每次）
1 毫西弗	法規規定一般民眾限制劑量（每年）
2 毫西弗	平均每人接受自然輻射（每年）
20 毫西弗	法規規定工作人員限制劑量（每年）
1,000 毫西弗	使遺傳變異機率提高一倍所需的劑量
2,000 毫西弗	鈷-60 治療（每次）
4,000 毫西弗	人的半致死劑量

6.2. 「輻射激效」？

在輻射的健康效應方面，有個受到爭議的議題：在低劑量（小於 100 毫西弗）與低劑量率（小於每分鐘 0.1 毫西弗）時，是否有害或有利健康？日本原爆情況是急性高劑量輻射，支持「線性無低限模式」（linear-no threshold model）；但慢性低劑量的致癌則會和其他因素混淆，例如，人類自發性突變的機率不低（國人一生 25% 機率致癌），而此機率受到生活方式（抽菸……）和環境因子影響的機率有四成，因而混淆擾動「慢性低劑量致癌」程度。「輻射激效」（radiation hormesis）指低劑量時呈現有利的健康效應，因為刺激人體修復機制而減少疾病。法國國家科學院的醫學學院的 2005 年報告指出，在低劑量時（小於 100 毫西弗）不適用線性無低限模式；該院更指出，約四成的細胞與動物研究顯示「化學激效[5]和輻射生物學激效」存在。美國國家科學院與聯合國原子

---

[5] 毒物學名言「萬物是否為毒，關鍵在劑量」。肉毒桿菌在高劑量時致人於死，但在低劑量時為「美容聖品」（除皺紋）。

輻射效應科學委員會則不贊同輻射激效，而維持線性無低限
模式。

法國國家科學院在此

二、核能發電

　　至少在 1953 年前，一些科學家體認「原子能和平用途」的重要性，開始發展核能發電。今天的反核者應該瞭解此情況，也分辨核子武器與核能發電的重大區別（動機與科技），而非「不明究理」地阻撓。人類應可善用核能原料，而非放任其自然消失（衰變掉）。

1. 核能發電的原理

　　各種發電的原理相似，只是動力（燃料）不同。核能發電的原理和水力、火力發電廠有同樣的共通點，就是設法使渦輪機轉動，以帶動發電機切割磁場，將機械能轉變為產生電能。其中主要的不同點在於推動渦輪機所用的動力來源。

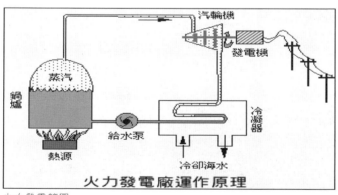

火力發電簡圖

水力電廠以大量的急速流動水（例如由水壩或瀑布引出）直接推動渦輪機，而核能電廠與火力電廠則利用大量高溫、高壓之水蒸氣推動渦輪機，其中核能電廠是靠核分裂所釋放出的能量、火力電廠則是靠燃燒煤炭、石油或天然氣等化石燃料以產生蒸汽。

核能發電利用鈾燃料進行核分裂連鎖反應所產生的熱，將水加熱成高溫高壓，核反應所放出的熱量較燃燒化石燃料所放出的能量要高很多（相差約百萬倍），比較起來所以需要的燃料體積比火力電廠少相當多。

2. 核能電廠的安全設計

核反應器是一種啟動、控制、維持核分裂反應的裝置。在反應器中，核分裂的速率受到精確的控制，釋放恰當的能量。核反應器有許多用途，當前最重要的用途是產生熱能，用以代替其他燃料加熱水，產生蒸汽發電。核能發電廠設計多重安全保護，包括低濃縮度核燃料、控制棒（有效的中子吸收劑如鎘、硼、鉿）、先天安全的反應度設計、鋼板厚達幾十公分的反應器爐體、緊急硼液注入反應器、數套緊急爐心冷

核一廠

核二廠

卻系統、厚達幾公尺的圍阻體。

核三廠

天然的鈾元素中含有鈾-238 及鈾-235 兩種同位素，天然鈾中鈾-238的含量為 99.3%，鈾-235 含量則只有 0.7%，而經中子撞擊後也只有鈾-235 會發生分裂反應。一個中子撞擊鈾-235 原子核後，形成鈾-236 原子核，不穩定而產生兩個質量較小的原子核，且放出二～三個新的中子。旁邊鈾-235

興建中龍門廠

原子核被新的中子撞擊，繼續發生分裂反應，這就是「連鎖反應」。

核反應器中使用水吸收核分裂反應產生的能量，還兼做中子的「緩和劑」；因為使鈾-235 發生分裂的中子必須是低能量的中子（慢中子、熱中子），而新生中子的能量約為慢中子的四千萬倍，因此被稱為「快中子」。若想使快中子引發下一個鈾-235 原子核之分裂，則必須使其能量降低，而水中的氫原子質量與中子相近，故快中子與氫原子碰撞多次後能量會傳給氫原子而變成慢中子。因此水因有緩和快中子能量的作用而被稱為緩和劑。

核燃料為了承受運轉時攝氏一千度以上的高溫，特別將

鈾做成二氧化鈾（融點 2,800℃）的粉末，再燒結成直徑與高度均為 1.6 公分左右的柱狀「燃料丸」，然後再將燃料丸放入長約 3.86 公尺，厚約 0.8 公分的鋯合金管內，做成「燃料棒」。逸出燃料丸的氣態放射性物質，會被包封在護套內。反應爐的工作溫度約 285℃。當燃料溫度大於 2,000℉（約 1,093℃）時，鋯合金會開始跟水發生反應而產生氫氣。當氫氣的濃度大於 6%，與氧氣（大於 5%）混合後，即會發生氫爆。

反應器正常全功率運轉時，中子產生和消失的速率相同，使得中子的數量保持在穩定的值，稱為反應器的臨界狀態。控制連鎖反應的是控制棒，由硼做成，用以吸收中子。控制棒用來維持在臨界狀態，也可以用來將反應氣關閉，從百分之百的功率輸出降至 7% 左右的輸出，此輸出來自於爐心內的材料本身衰變所產生的熱，或稱之為衰變熱或餘熱。

以鈾為燃料的反應器中衰變產物主要是鉍和碘的同位素。在核分裂停止後，餘熱會隨著時間而減少，不過仍然必需藉由冷卻系統移除。

2.1. 壓水式、沸水式

目前世界上數量最多的是壓水式核電廠，其次是沸水式核電廠，而我國核一、二廠採用後者，核三廠則採用前者之設計。壓水式核反應器的燃料棒設計，緩和劑功能，壓力槽與圍阻體之作用等都與沸水式核反應器類似；但壓水式反應器在水加熱成蒸汽的過程中採用了兩套迴路，在壓水式反應

器中的「主迴路」裏，冷水經過爐心加熱後只增加溫度但不變成蒸汽，熱水送至「蒸汽產生器」中把熱量傳給「次迴路」的水後變成冷水再送回爐心；而次迴路的水則會被加熱成蒸汽去推動汽輪機，用

壓水反應爐內爐

過的蒸汽再經海水冷卻後重複使用，這種設計可以確保汽輪機使用的蒸汽絕無核分裂反應所產生的放射性物質，但因系統較為複雜，故運轉與維護也較沸水式反應器費事。此外，壓水式反應器的控制棒設在壓力槽上端，由上向下抽插，比起沸水式反應器由下往上的設計在運作與保養上較為方便。

　　核分裂所產生的分裂產物不穩定，它會透過衰變過程，成為其他穩定核種，在衰變過程裏會釋出稱為衰變熱的能量。因此，當核能電廠因故停機時，反應器依然會持續放出大量的熱能。衰變熱的釋放隨停機時間的持續而遞減；停機一個月後，反應器裏累積的放射性分裂產物仍然會放出為全功率的千分之一的熱量。以發電量為 1,000 百萬瓦的核三廠為例，它的熱功率大約為 3,300 百萬瓦，停機一個月，反應器仍然會產生 330 萬瓦的能量。如果這些熱能全部轉換為電能，約可供應一千戶家庭冷氣機使用的電力。

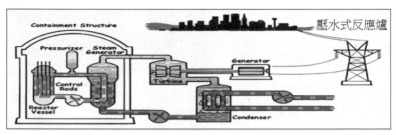

壓水式反應爐

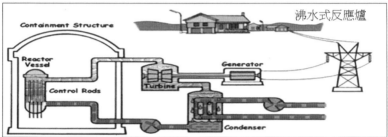

沸水式反應爐

3. 世界核能發電趨勢

大致上，每年全球核能發電量均一直增加。

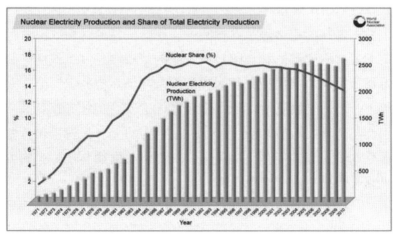

世界核能趨勢圖（上部曲線為「核能比率（％））」，垂直線為「核電量（兆
瓦小時）」

4. 我國核能電廠

我國核能電廠均使用輕水式反應器，從 1978 年起陸續供電，在 1990 年代巔峰時期供應了全島五分之二的電力。

表一：我國核能電廠情況

廠別		核能一廠	核能二廠	核能三廠	龍門核電廠
位置		新北市 石門區	新北市 萬里區	屏東縣 恆春鎮	新北市 貢寮區
商轉日	1 號機	1978 年 12 月	1981 年 12 月	1984 年 7 月	
	2 號機	1979 年 7 月	1983 年 03 月	1985 年 5 月	
裝置容量		1,272 千瓩	1,970 千瓩	1,902 千瓩	2,750 千瓩
反應器類型		沸水式	沸水式	壓水式	沸水式

安全防護設計包含：廠內、廠外交流／直流電源之可靠度及持久性、緊急柴油發電機、氣渦輪發電機之可靠度及持久性、蒸汽驅動安全注水設備、儀器控制系統、壓縮空氣系統、正常／緊急通訊設備、維持上述設備功能所需之支援系統等；反應爐緊急洩壓的時機及方式、反應爐／抑壓池／圍阻體之熱移除能力、機組最終熱沉的容量、支援系統、備援的能力、海岸進水口結構物之耐震性、移除衰變熱水源存量及因應措施、海岸進水口因海嘯受損或嚴重堵塞的預防及因應措施、除海水外，其他可能的熱沉、各種水源灌水路徑及動力來源、生水池槽體管路的耐震能力及完整性等。

核能電廠之各重要空間（包含主控制室）佈建，考量防洪、耐震、設備特性、外力破壞（外物撞擊、恐怖攻擊）等，

確保核能電廠之安全運轉。

　　台灣使用核能發電已有超過三十年的經驗，2009 年「國際核能工程」組織（Nuclear Engineering International）評比，台電公司核能電廠的運轉績效，全球排名第四，僅次於芬蘭、荷蘭、與羅馬尼亞；此前三名的國家，其核電機組的數目與規模均低於台灣。

4.1. 監測各地輻射劑量

　　原能會輻射偵測中心於 1989 年起逐年建構全國環境輻射監測網路系統，現已設置三十四個監測站，核一廠、核二廠、核三廠及龍門等四座電廠，各設置五站輻安預警自動監測系統，共二十站。台灣都會區台北、宜蘭、龍潭、台中、台南、高雄、台東等地區共設置輻射監測站七座；2006 年增設金門、蘭嶼及阿里山等離島高山地區三站；2011 年增設澎湖、馬祖、新竹、花蓮四站，共計十四站。各輻射監測站均全天候二十四小時運作，自動記錄當地環境直接輻射狀況，立即將記錄結果透過網路傳送至原能會輻射偵測中心及核安監管中心，同時透過輻射偵測中心網站，即時提供輻安預警自動監測資訊。各項輻射偵測數據提供監測數據公開於網際網路中以供各界查閱參考。

三、解析國際核電廠事故

　　人類自 1951 年開始核能發電。至今，全球總共有三十一個核能發電國，重大事故卻發生於美國、蘇聯、日本，三個「科技領袖國」，不只這三國顏面無光，核能科學界也灰頭土腦，更讓反核者振振有詞（氣勢如虹）。到底這些事故多嚴重？

1. 美國三哩島

　　1979 年 3 月 28 日，美國賓州三哩島核電廠發生事故，人為操作錯誤與機械故障，造成核電廠部分燃料棒因缺水無法冷卻，導致燃料金屬護套熔裂。

三哩島核電廠

該事件釋出輻射劑量約 0.01 毫西弗[①]，而一次胸部 X 光照射約 6 毫西弗，天然背景為 1～1.25 毫西弗。美國國家科學院等的深具公信力報告均指出，釋出的輻射劑量對人與環境的

[①] 波士頓某媒體頭版標題為醒目大字「RADIATION」（輻射）。

三哩島核電廠事故後卡特總統來訪

三哩島核電廠事故後民眾
抗爭

劑量均可忽略[2]。釋出的 0.01 毫西弗有多危險呢？美國國家科學院游離輻射生物效應委員會、聯合國原子輻射效應科學委員會等，一致認為它只增加八百萬分之一的致癌風險，比在丹佛是渡假二週所受的劑量還少，而相當於走過馬路三次的風險。多年來，對附近居民健康也沒有影響。

　　不過當時賓州州長出於安全考慮，於 3 月 30 日疏散了核電廠 5 英里範圍內的學齡前兒童和孕婦（「政客」幫倒忙）；

---

[2] 2011 年 3 月 29 日，我國綠色公民行動聯盟秘書長表示，美國三哩島釀成美國史上最嚴重的輻射外洩危機，直到現在，員工和附近居民仍須持續接受追蹤健檢。我國反核者要求停建核四的理由之一是，三哩島附近順風地區如賓州、紐約州、馬里蘭州等地區的嬰兒死亡率顯著提高，紐約州更提高 52%。在 2000 年出版《廢止核四評估——民進黨立院黨團環境政策小組》報告中提到，1997 年美國《環境健康透視》雜誌報導三哩島事故後，周圍居民肺癌、白血病、總體癌症發生率，都隨所受輻射劑量之增加而增加。此說辭和美國國家科學院的相反。反核者找這一篇文章，經得起嚴謹科學驗證嗎？《新黨反核四白皮書》中附錄反核的 S 教授之文，說三哩島事故造成孕婦生畸形嬰兒、嬰兒死亡率突增（賓州 40%、紐約北部 52%），均不合事實。

此景象讓許多反核者「大做文章」。事實上，美國賓州（包括三哩島核能電廠所在地）因為氡氣含量高，三哩島核能電廠所在地居民，平日受到氡氣的輻射劑量大於該核能電廠事件釋出的量。

媒體在「三哩島核能事件」後，一直在「週年慶」時提醒民眾其可怕[③]。

1.1. 「爐心熔毀」成為家戶喻曉的名詞

核能電廠事故會讓人擔心的原因之一為核燃料融解。出事反應器（二號機）的核燃料約半融，在壓力鋼槽（八英吋厚，在「一次圍阻體」幾英呎鋼筋水泥內）的底部形成放射性融塊，鋼板融掉幾分之一英吋，然後冷卻而固化。壓力鋼槽無恙，但一些輻射逸出到環境中。但其旁的另一反應器（一號機），至今還在運轉，還可用一二十年。附近居民到今天仍沒受到影響。

美國三哩島事故後，「爐心熔毀」成為家戶喻曉的名詞，媒體常稱之為「終極災禍」，誘發「遍地屍首橫陳」的遐想，就像遭受核彈攻擊之後。但美國卡特總統任命的「侃莫尼委員會」（Kemeny Commission）的報告、美國核管會的羅葛文（Mitchell Rogovin）報告等具有公信力的研究，均指出，即使該反應器爐心熔毀（全部），不論當時或未來，還是不會傷害到人與環境。

---

③ 車諾比和福島事件亦然，媒體這番熱心年度提醒，核能與輻射的「危機」就讓民眾要忘也忘不了。

即使核燃料全熔而溜出反應器，圍阻體會防止放射性物質釋出。反應爐的整套循環管路包含壓力槽、管路、和幫浦、管路內的冷卻劑（水），全被包在圍阻體（氣密而極厚的鋼筋水泥容器，還內襯厚鋼板焊成緊密室，可耐到十大氣壓，必要的時候可以無限期地承受融毀的爐心）。為了更可靠，在圍阻體的外圍還會有另一個更厚更大的混凝土結構「二次圍阻體」，其壓力比外面大氣壓力低，萬一有放射性產物洩漏至反應器廠房內，排放外界的氣體需經特殊的處理設備過濾其中的輻射物質，不致直接逸散到大氣中。

　　圍阻體內氣體可經由過濾器除去放射性物質，噴水器可將空氣中塵埃移除，活性炭過濾器或化學噴灑器可袪除氣態除放射性物質。

　　三哩島核電廠圍阻體並沒受損，因此，即使燃料全成熔融態，溜出反應器，圍阻體可防止放射性物質逸散到外界，因此，並不會造成災難。

　　廣為人知的三哩島事件，差幾十分鐘就會爐心全熔，似乎讓民眾大為惶恐。為何這麼擔心？但是，在高速公路上，經過每個轉彎時，我們若沒做任何事就會完蛋，亦即，若我們不在適當時間轉動方向盤就會出車禍。

　　三哩島事件後的共識為，即使所有能產生的氫氣同時爆炸，其力道還不足以傷到其圍阻體。實際上，氫氣只是逐漸產生，而頂多有小爆炸，其威力不大。

　　三哩島事件後，科學界與民眾的認知差距快速加大，而媒體趁機壯大。

1.2. 媒體連鎖反應導致民眾恐慌

　　美國三哩島事件並沒導致任一人傷亡或生病，但媒體卻把該事件說成大災難，可說是「媒體連鎖反應」（media chain reaction），恐慌連連。因為三哩島事件就在電影「中國症候群」（後詳）上演後十二天發生，全球媒體湧至賓州要報導「災難」。其實只是虛張聲勢，根本沒有災難，倒是美國能源政策受傷好幾十年。

　　民眾對輻射的非理性恐慌，也許可以三哩島事件後的「釋放氣體」事件看出：事件後隔年，為了整頓，圍阻體內的氣體需要釋出，但其輻射劑量不到 0.01 毫西弗。美國核管會事先民調獲悉當地居民的「輻射恐慌」，因此大張旗鼓為民眾說明此次釋放伴隨的低劑量等事宜，接著，再次民調，發現民眾更恐慌；後來引致街頭抗議示威。

　　其實，釋放氣體伴隨的輻射劑量很低，許多抗議民眾為了到達示威地點，一路上所受風險遠大於釋放氣體的輻射，因為 0.01 毫西弗輻射的風險等於開車五英里或步行橫過馬路五次，而抗議民眾遠從各地來集結，不論開車或走路均遠超過 0.01 毫西弗輻射的風險。可想而知的，此次抗議在全國電視上大出風頭，然而電視台並沒說明釋出的輻射劑量。

1.3. 前事不忘，後事之師

　　人們從錯誤中學習，核能界在三哩島事件後，即在加州成立核子安全分析中心（NSAC），也在喬治亞州創立美國核

能運轉協會（INPO）。核能運轉協會建立全球核能電廠、反應器製造商、專業中心之間的電子通訊網；也在查廠與提供建議等事宜認真執行；導致計畫外停機量減少七成與低放射性廢棄物體積少七成等績效。核能運轉協會代表核能界非常積極的自我監督。官方的「總統委員會」提出報告，核管會也有獨立報告《從三哩島事件學到的教訓》。核管會從事件分析中提出改善意見，立即在每個核能電廠執行。可說從三哩島事件學到的教訓徹底改變整個核能產業。因此，自三哩島核能事故發生以來幾十年，在美國沒有再發生嚴重核能事故，全世界三百多座輕水式反應器並未因相同的肇因，發生爐心熔毀事故。

其實，美國三哩島事故是個西方核電廠「成功」的案例，無人受傷，其圍阻體發揮了重要功能，防止了輻射擴散至環境。（下述日本福島是另一成功例證。）

2. 蘇聯車諾比

1986 年 4 月 26 日，前蘇聯車諾比核反應器發生意外，實驗電力控制系統時，反應器突然的功率增加導致蒸氣爆炸，反應器因而破裂，導致燃料與蒸氣劇烈作用而破壞反應器與建物，接著是石墨燃燒十天，結果大量放射性物質釋放到環境中。

車諾比反應器爆炸與大火後，隔鄰二反應器繼續運轉二十小時，因為要等候莫斯科的停機命令。搶救的消防隊員遭受很高的輻射劑量，主要來自放射性物質附著在他們身上，

也受到高熱與化學燙傷；最嚴重
的效應來自皮膚上的貝他射線，
因此，如果他們穿了防護衣就可
防止。事實上，當初若他們注意
到移除身體曝露部位皮膚的黏附
（放射性）物質，則傷害大可減
低。

車諾比的設計缺陷是使用的
石墨（緩和劑）容易燃燒（就像
煤炭）。此反應器的放射性會危
險的主因，在於其以微細粒子散
放到外界環境中，因此，石墨燃
燒釋放大量火焰與煙霧，夾帶放
射性物質擴散飛揚。救災滅火
時，消防隊員將水打進反應器，
但無效，於是使用直昇機丟下硼

前蘇聯車諾比核反應器事故

車諾比核電廠事故後二十年
（2006 年）

化物（吸收中子）、鉛（易熔）、白雲石與沙（悶火）等。
投物時，直昇機駕駛員需要飛經往上噴的灰煙（帶放射性物
質），而曝露於高輻射劑量中。許多消防隊員、直昇機駕駛、
電廠工人遭受劑量超過一萬毫西弗；總計，三十一人死亡；
其中三人在爆炸時即陣亡，其餘則死於燒傷與輻射病。

釋放輻射向外影響，從核電廠到二英里半徑地區（居民
45,000 人），劑量約 33 毫西弗。因為放射性物質衝向高空，
飄浮向外而在在半徑 2～6 英里地區（居民 16,000 人）影響最

大，劑量約 500 毫西弗。半徑 6～9 英里地區（8,200 人）劑量約 350 毫西弗。半徑 9～18 英里地區（65,000 人）劑量約 50 毫西弗。以上總共十三萬五千人在事件後第一天後立即撤走。

　　最受曝露的一萬六千人，平均劑量 500 毫西弗的增加罹癌死亡風險約 4%；因此，這些居民的罹癌風險從原有的 20% 變為 24%；其差異量比住在美國不同州之間罹癌差異量還小。風向一直改變，頭二天，風吹向北歐；第三和四天風吹向波蘭等。全球均受到影響，第一年平均劑量在保加利亞為 0.76 毫西弗、奧地利 0.67 毫西弗等，次第變小；美加約 0.0015 毫西弗。沒有一個國家受到的劑量超過天然劑量的四分之一。地面一些物質仍將多年後還具放射性，使得民眾外在地與內在地（飲食）曝露於輻射中，第一年的平均總劑量約為東南歐 1.2 毫西弗、歐洲中部與北部約 0.95 毫西弗等遞減。估計總劑量影響全球人口，在五十年後，約達 6 億西弗，導致一萬六千人死亡（此數量比美國燃煤導致一年死亡人數還少）。

2.1. 事故主因：設計「錯誤」

　　前蘇聯車諾比核能電廠和西方電廠存在巨大差異：車諾比使用天然（或稍濃縮）鈾，以石墨當緩和劑；西方使用濃縮成 3%鈾-235，以水當緩和劑。若缺水，在西方反應器，因缺乏水（緩和劑），連鎖反應會停；但在車諾比反應器，缺水會加速連鎖反應。其次，若因故而反應加速，釋出更多能量而使反應器溫度會上升，水會汽化，則水量減少（緩和劑變少），就會減緩連鎖反應，因此，西方反應器會因溫度變

化（升溫）而穩定住；亦即，若反應增溫則自動往降溫方向進行。但在車諾比反應加快則升溫，於是水變少（因高溫汽化）而加速反應，因此，車諾比反應器會因溫度變化（升溫）而不穩定；亦即，若反應增溫則自動往升溫方向進行；因此，會導致「惡性循環」，而成嚴重後果④。

2.2. 以為可軍民兩用

　　既然車諾比反應器這般危險，為何蘇聯要建造？理由是車諾比反應器志在產生鈽（製造核彈用），也產生電力。該款反應器適合製造鈽，因為鈽的產量和「鈾-235 與鈾-238 比值」成反比，則可大量產生鈽；其次，燃料在反應器中不超過三十天，而車諾比反應器的設計就配合此目的。

　　西方反應器的燃料放在容器中，需要一個月時間關掉反應器、開啟反應器、抽換燃料。因此，從事這檔事一年不能超過一次，所以，西方反應器不適合生產「武器級」鈽。相反地，在車諾比，一千七百支燃料棒的每一支均包裝在單一管子中，不必關掉反應器而一次打開一支（抽換燃料）是相當方便的，因此，車諾比適合生產「武器級」鈽（同時發電）。（事實上，一些美國軍方產生鈽的反應器就像車諾比反應器。）另

---

④ 西方反應器內建的安全因素包括「負溫係數」（negative temperature coefficient）和「負空泡係數」（negative void coefficient），前者指運作到達最佳狀態（溫度等）後，若升溫則運作效率遞減；後者指冷卻水中若形成蒸氣，則更少中子造成核分裂（因而自動減緩反應）。在 1950 和 1960 年代，美國在愛達荷州從事實驗，超過運作條件時，就會「自我限制」而自動停機。舊的蘇聯反應器（車諾比）為「正空泡係數」（positive void coefficient）。

外，為了抽換燃料，需要相當的空間和操作，因此，西方反應器安置在圍阻體中，就空間狹窄而又很不適合操作。車諾比的「圍阻體」只在保護一千七百支管子中的一支，而不在保護許多管子破裂時，所以，車諾比就無西方圍阻體帶來的安全保護。事實上，車諾比事故後的安全分析顯示，若它有西方圍阻體，就不會散放放射性物質到外界，全世界也還不知這個地名。另外，因為車諾比核能電廠的設計，相當有利於衝散輻射到遠距離；但西方反應器的設計確非如此，若出現意外，不可能會對遠距造成上述曝露[5]。

2.3. 車諾比：沒什教訓可學

車諾比事件後，美國政府與產業努力分析其教訓，發現幾乎沒什可學的；該事件顯示美式反應器為正確的設計（幾乎所有蘇聯集團以外的核能電廠均用美式設計）。例如，核能電廠反應器失水就不穩定，則不可能獲得執照；升溫就不穩定則不准運轉；缺乏巨型圍阻體就沒執照；反應器事故會傷民眾的主因為放射性物質藉飄浮塵埃散佈，因此石墨火災即為超級散佈機制，但美式設計中，大部分放射性物質最後溶在水中。

---

[5] 2000 年 9 月，經濟部核四計畫再評估委員會的反核委員共同決議表示，美蘇核電機組設計雖有不同，「但發電的原理一樣，因此皆有發生類似車諾比重大災變的可能性」。這些反核者不瞭解核工原理，誤導蒼生。

2.4. 聯合國的評估

2011 年 8 月 3 日，聯合國原子輻射效應科學委員會（United Nations Scientific Committee on the Effects of Atomic Radiation）發表〈車諾比事件〉（The Chernobyl Accident），評估其輻射效應。

直到 2005 年，白俄羅斯、俄羅斯聯邦和烏克蘭的居民中，超過六千個甲狀腺癌個案，他們很可能是受輻射而得。此外，事件之後二十年來，輻射並無主要公衛影響。並無科學證據顯示輻射增加整體的致癌率、死亡率、非惡性疾病發生率。白血病率並無增加。雖然受曝露最多者會增加風險，大部分人則否。有許多其他健康問題[6]，但和輻射無關。

釋出的放射性核種主要是碘-131、銫-134 和銫-137。碘-131 的半衰期短（八天），但容易經由空氣和牛奶與菜葉進到人體中。碘會跑到甲狀腺，而孩童的劑量就比成人高。銫的半衰期長些（銫-134 為二年、銫-137 則三十年）。估計所受劑量，最受影響的是五十三萬位維修工人，劑量約 120 毫西弗；另外，十一萬五千位疏散居民則為 30 毫西弗；事件二十年來持續住在受污染區居民的劑量約 9 毫西弗（一次電腦斷層掃描的劑量約九毫西弗）。

白俄羅斯、俄羅斯聯邦和烏克蘭以外的歐洲居民，約在

---

[6] 許多民眾對輻射抱持神秘與恐慌感，又對政府官僚失去信心；發生事故後的大規模疏散，使得鄰居親友的支持網路四分五裂，造成龐大心理壓力而影響民眾健康。

第一年受到低於 1 毫西弗，以後逐年遞減。遠離地區居民一生中所受的劑量約 1 毫西弗；此值約與自然背景輻射值相同（全球平均值為 2.4 毫西弗）。事件發生後即到現場的六百位工人[⑦]中，一百三十四人受到高劑量（0.8～16 戈雷），而致輻射疾病；其中，二十八人在三個月內死亡。五十三萬位維修工人的大部分，於 1986～1990 年，受到劑量約 0.02～0.5 戈雷。直到 2005 年，在白俄羅斯、俄羅斯聯邦和烏克蘭地區，約有六千個甲狀腺癌個案，很可能一大部分來自輻射。

三個月後，倖存的一百零六位受到高劑量輻射者，在幾年內，許多罹患白內障。除了當時受曝露年輕者顯現大量甲狀腺癌、工人稍增白血病與白內障外，一般受曝露民眾並沒增加實體癌、白血病、其他非惡性疾病。但是對該事件的心理反應相當普遍，原因是害怕輻射，而非真正的輻射劑量。該地區在事件後，可能將所有罹患癌症的增加率歸罪於輻射，但實際上，在事件前的致癌趨勢即為如此。

雖然受曝露孩童與維修工人的風險較高，但大部分民眾不必擔心嚴重健康效應，因他們所受劑量約與自然背景劑量相同或幾倍高，而且放射性核種劑量一直衰減。車諾比事件嚴重影響民生，但從輻射觀點，大致上，民眾的健康影響很有限。

---

⑦ 超過 4,000 毫西弗者，64%死於急性輻射症狀、低於 4,000 毫西弗則 0.51%死、低於 2,000 毫西弗則無死亡。

2.5. 昏庸無能、文過飾非

2011 年 5 月《讀者文摘》有文〈車諾比的後遺症〉，提到車諾比意外的真正原因是官僚昏庸無能又文過飾非：核電廠還未妥當就啟用、其設計著重軍事而非安全、缺防止輻射外洩的保護罩、功率偏低即有危險、沒有安全測試和應變計劃、趕來救災者沒穿防護衣、在場醫師缺輻射訓練、軍人拿鏟子就在高輻射瓦礫中挖掘。事發當時若政府警告民眾二十四小時不外出，並發碘片給民眾，則後遺症可減輕許多。車諾比核電事故造成人員傷亡中有三人在事故現場死亡，二十八人在事故發生後三個月內死於輻射傷害，另有十四人於事故後十年內死亡；總計輻射造成四十五人死亡。2005 年 9 月聯合國、世界銀行、俄羅斯、烏克蘭等舉行車諾比論壇，結論包括受災區居民健康沒有大礙，生育力沒有降低、先天畸形或流產等也未增加；兒童除患甲狀腺癌外，一般健康也不受影響。

災區兒童後來約有一千八百人罹患可治愈的甲狀腺癌；其實，就因政府欠警告與發碘片，這是何等冤枉的後果；各國當已學到教訓。

車諾比事件導致在 1989 年(1)全球核能業者成立「世界核能發電協會」（World Association of Nuclear Operators，WANO）；(2)建立「國際核能事故指標（International nuclear event scale，INES）。

另外，經濟合作與發展組織（OECD）、國際原子能總署、

歐盟等，大力協助東歐國家改善前蘇聯製核反應器。

3. 日本福島

　　2011 年 3 月 11 日，日本本州東北外海，發生規模 9 強震並引發強大海嘯，侵襲日本本州沿海各地，包括福島縣的福島第一核電廠。對日本的影響與「1868 年明治維新」以及「1945 年二次世界大戰」相當。地震及海嘯共造成 15,560 人死亡、5,329 人失蹤，有八萬人因疏散而被迫離鄉背井。引發日本多面向的國家危機：引發政治動盪及人民對政府的不信任。整個國家必須從福島事故、土壤與作物污染及恐懼等創傷中復原。

　　地震發生後，控制棒成功插入爐心，核分裂連鎖反應隨即停止，反應器立即進入停機狀態。停機後的爐心仍有餘熱（燃料組件本身的高溫與燃料衰變熱）持續產生，必須藉由「緊急爐心冷卻系統」的接續運作來移除，「緊急爐心冷卻系統」主要包括了做為第一道防線的「高壓注水系統」、做

2011 年 3 月 16 日衛星拍攝的福島第一核電廠影像

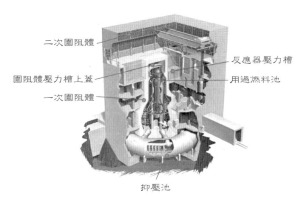

二次圍阻體
圍阻體壓力槽上蓋
一次圍阻體
反應器壓力槽
用過燃料池
抑壓池

日本福島核反應器解剖圖

為第二道防線的「爐心噴灑系統」與「低壓注水系統」、以及做為緊急爐心冷卻系統最後一道防線的「爐心隔離冷卻系統」等四個子系統。不過，海嘯將輸配電系統沖毀，造成廠外電源喪失（也許強震時即已喪失），幸賴緊急柴油發電機成功啟動供電，緊急爐心冷卻系統開始運作。

3.1. 電廠全黑（沒電）

但不幸的是海嘯造成柴油發電機的燃料供應系統故障，柴油發電機供電一小時後即停止運轉並導致電廠全黑，緊急爐心冷卻系統因交流電源喪失而無法全面運作（即第一、二道防線的三個子系統均無法運作），此時僅剩利用直流電控制且汽機帶動的「爐心隔離冷卻系統」正常運作，將爐心餘熱導入圍阻體。約八小時後，直流電耗盡，「爐心隔離冷卻系統」因而亦無法運作，緊急爐心冷卻系統於此時全面喪失了所有餘熱移除功能，導致爐心溫度上升，並使爐水汽化成

為水蒸汽，爐心水位因而下降，燃料棒裸露且壓力槽內部壓力上升。裸露的燃料棒在無法冷卻的情況下，表面溫度迅速竄升，鋯合金材質的燃料棒護套隨即與壓力槽內的水蒸汽進行劇烈的氧化還原反應，產生大量氫氣。

當壓力槽內的壓力因水蒸汽與氫氣的產生而持續上升至設定值時，具防護功能的自動釋壓系統立即動作，安全閥被開啟並將水蒸汽、氫氣與伴隨的放射性物質導入一次圍阻體的抑壓池中。在廠外電源與緊急備用電源依舊缺乏的情況下，包圍著壓力槽的一次圍阻體也出現溫度與壓力均快速上升的現象，為了維護圍阻體的完整性，操作員於是依「嚴重事故處理導則」執行圍阻體排放措施，進行間歇式的排放釋壓。本項釋壓工作原本應將排放物質（即水蒸汽、氫氣與少量的放射性物質）經過濾後直接外釋至大氣環境，但現場工作人員很可能因企圖將欲外釋的放射性物質進一步減量，因此決定將排放物質釋入二次圍阻體（即反應器廠房）內，再透過具有另一道過濾設備的廠房煙囪外釋至大氣環境，未料質量較輕的氫氣蓄積於廠房天花板後，與大氣中的氧氣進行劇烈化學反應而爆炸，這就是福島一號機與三號機爆炸的主因。

二號機的爆炸，其肇因有可能也是氫氣爆炸，但也可能是水錘效應。四號機的爆炸則是用過燃料池中的燃料棒因冷卻水不足而產生高溫，並經前述相同的機制產生氫氣，且蓄積於廠房中，隨後與大氣中的氧氣作用後導致爆炸。

3.2. 圍阻體發揮功能

　　目前福島核電廠一號機、二號機及三號機的燃料棒可能均已出現破損現象，其內部之核分裂產物（如揮發性高的碘與惰性氣體以及化學活性高的銫）自破損的燃料棒釋出，經壓力槽進入圍阻體，再經由圍阻體排氣少量地釋入反應器廠房中。氫氣爆炸造成廠房毀損後，這些少量的放射性物質隨即進入大氣環境。值得注意的是，由於圍阻體的功能未喪失，放射性物質並未持續而大量地外釋。

　　核分裂反應急停瞬間，爐心餘熱的強度約為原運轉功率的 6.5%，在冷卻系統正常運作的情況下，可於很短的時間內快速衰減，一天之後餘熱的強度約為原運轉功率的 0.5%。因此，停機時間越久，餘熱越少，機組便可容忍較長之喪失冷卻水的時間。當核能電廠進入維修狀態時，壓力槽頂蓋與圍阻體均處於開啟的狀態，注水移除餘熱相對

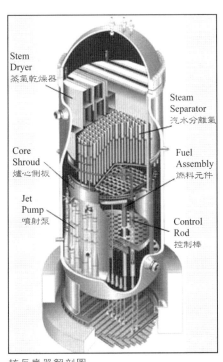

核反應器解剖圖

容易，有利工作人員於較短時間內完成維修。用過燃料棒的餘熱只會降低，並透過熱交換機制最終與外界環境達成平衡，但不會消失。

爐心燃料棒在無法冷卻的情況下，表面溫度會迅速竄升，當溫度上升同時超過燃料本身、鋯合金護套與爐心結構組件各自的熔點時，即會出現爐心熔毀現象。爐心熔毀後，具有放射性的核分裂產物（如揮發性高的碘與惰性氣體以及化學活性高的銫），會自破損的燃料棒釋出至壓力槽，但只要反應器壓力槽或圍阻體保持完整，雖仍有可能出現少量放射性物質外釋的狀況（如三哩島事故與此次福島事故），但卻可防止其大量外釋。

如果冷卻系統的能力小於爐心內餘熱產生的速度，爐心內的冷卻水會被煮沸，導致水蒸氣在爐心內累積，進而升高爐心內的壓力。此時的要務是要避免爐心的溫度超過攝氏1,200度，以免燃料棒護套破壞，同時也要維持爐心內的壓力在可容許的範圍內。

3.3. 釋壓導致輻射外洩

為了避免壓力過大，必需不定時地打開洩壓閥讓高壓蒸氣和反應爐內的其他氣體釋放出去。洩壓可避免壓力槽內的壓力過高而損壞壓力槽的完整性，通常在設計時也會為壓力槽預留許多套不同的洩壓管道。高壓蒸氣和其他爐心內的氣體經由洩壓閥釋放到大氣中，其中某些氣體會含有放射性的核裂變產物，但含量極低。而且這些氣體在釋放的過程中也

經過一定程序的過濾和處理，以確保釋放到大氣中的放射性物質是在可接受的範圍。即使存在這些微量的放射性物質，也不會對公共安全造成影響，甚至對於在核電廠工作的人來說都很安全。

隨著某些燃料棒的溫度超過攝氏 1,200 度，某些燃料棒開始被破壞。燃料丸本身的結構仍然完好，但鋯合金的護套則開始損壞。此時，某些燃料丸中的裂變產物，像是銫及碘的同位素，會開始混在冷卻水和蒸氣中。這也是為什麼在排出的蒸氣中可以測到這兩種元素存在的原因。

因為水量減少使得冷卻系統的能力受限，而且電廠本身的儲水量也可能不夠，為了確保燃料棒可以全部浸在冷卻水中，他們決定開始灌海水進去。海水裡面加了硼酸做為中子吸收劑。連鎖反應已經因為控制棒插入而停下來了，但加入硼酸則可以更進一步確保反應爐內的連鎖反應不會再起。硼酸也可以用來抓住一部分被釋放到水中的碘同位素，以減少它們被排出的機會。

3.4. 比較環境的輻射劑量：核能遠低於核武

根據 1993 聯合國原子輻射效應科學委員會公布的數據顯示，在生活環境中人造輻射的最大來源為大氣中的核子武器試爆。在日本的放射性落塵中也以大氣核武試爆為最嚴重，連車諾比事故所產生的輻射劑量也不及千分之一。

3.5. 日本設計疏忽：海嘯曾很高

　　美國核能管制委員會表示，日本福島核電廠設計沒有周詳考慮到當地的地震海嘯歷史紀錄，例如，福島核電廠可承受規模8.2地震，雖然此次地震規模9.0，但在其安全餘裕內；至於海嘯，則設計為5.7公尺，但此次海嘯高達14公尺。此兩紀錄在公元869年即已有。此重大錯誤在美國不易發生，因為該委員會規定核電廠需能承受已知資料中規模最大的洪水、海嘯、地震，再加上額外的安全餘裕（通常1.5～2倍）；此標準的訂定依據為過去一萬年間最大地區性地震的估計模型。

　　2011年7月12日，美國核能管制委員會檢討美國核電廠現況後，出版《二十一世紀反應器安全增強建議》（Recommendations for Enhancing Reactor Safety in the 21st Century）指出，類似福島事故前所發生的一連串的事件，是非常不可能在美國發生的。即便擁有多重性的防禦措施來因應最有可能發生的故障情況，但若發生類似日本福島電廠所遭受地震和海嘯之毀滅性的災害時，美國的核電廠受到的保護可能並不足夠。例如，要求強化核能電廠圍阻體之排氣閥（釋放來自冷卻水被煮沸後所造成的壓力），使排氣閥能在缺電或人為控制的狀況下仍正常動作。也要求增加核燃料池的感測設備，以利操作員在意外發生時提供更好的資訊，並且可能須增設燃料池的自動補水系統。其他建議則包括：更佳的緊急應變計畫、處理可能發生之長期性電廠全黑（停電）狀況，或是需針對多個反應器同時發生事故的處理方案。

人造輻射所釋放的放射性核種

來源	釋放量（10^{15}貝克）					
	氫-3	碳-14	惰性氣體	鍶-90	碘-131	銫-137
大氣核子試爆	240,000	220		604	650,000	910
地下核子試爆			50		15	
核能						
反應爐運轉	140	1.1	3,200		0.04	
用過燃料再處理	57	0.3	1,200	6.9	0.004	40
同位素產品及運用	2.6	1.0	52		6.0	
核子事故						
三哩島			370		0.0006	
車諾比爾					630	70
吉斯亭（再處理廠爆炸）				5.4		0.04
溫斯蓋爾（火災）			1.2		0.7	0.02

(UNSCEAR 1993)

◎2011 放射線醫學綜合研究所

　　2011 年 12 月 12 日，東京電力公司向日本政府原子能安全與保安院，遞交了今後三年的核洩漏事故的處理方案，該院認為「核反應器已達冷停機」，核電廠已處於安全狀態。政府將在 16 日宣布核反應器進入「冷停機狀態」，據以調整避難地區設定。

3.6. 其實是「氫氣的爆炸」

核反應器的爆炸頂多是「氫氣的爆炸」：當燃料棒的溫度超過攝氏 1,200 度時，護套的鋯合金開始跟水發生氧化反應，釋出氫氣，而這些氫氣就混在水蒸氣中一起在洩壓時排出。氫氣是可燃性氣體，在燃燒的時候會產生大量熱；如果氫氣濃度很低 4%以下，氫氣燃燒的熱會被及時的散掉，不會產生爆炸；如果氫氣的濃度大於 74.2%，由於氧氣濃度的降低，氫氣難以燃燒，所以也不容易爆炸，大於 74.2%的氫氣可以在氧氣中安靜的燃燒，可為我們所利用；如果氫氣的濃度處在 4%～74.2%的範圍之內，那麼氫氣就有足夠的氧氣支持燃燒，而且氫氣的量也相當的多，產生的熱集中在一起，引起空氣劇烈膨脹，就產生爆炸。

因此，如果某次洩壓時排出的氫氣量比較多，就會發生這樣的爆炸。不過爆炸發生在圍阻體外，反應爐建築內（因為圍阻體內沒有空氣），對圍阻體的結構安全不會有影響，但可能會破壞反應爐建築。發生在日本福島三號機組的爆炸應該就是這類的反應，它摧毀了三號機組的建築物頂部和側面的一些牆面，但對於壓力槽或圍阻體則不會造成損害。僅管這算是個意外，但它不會影響反應爐的結構安全。

3.7. 媒體誇人「爐心融毀」

對輕水式反應器而言，若是嚴重事故，即為安全系統發生故障，無法將衰變熱持續帶出，造成爐心燃料溫度升高，

甚至於熔解，穿透鋼板容器等，將放射性物質釋放到外界。

2011 年 12 月 2 日，媒體報導，一號機反應爐圍阻體底部恐熔到「見骨」，因為熔毀的燃料棒從反應爐壓力容器掉至下部的圍阻體內，並造成圍阻體內側底部的水泥牆熔蝕，最嚴重的一號機組的水泥牆，熔蝕 65 公分，距離最外側的鋼板僅剩 37 公分。媒體怎麼算得 37 公分呢？水泥牆最厚處 260 公分、最薄為 102 公分；因此，水泥牆熔蝕 65 公分時，其最糟的情況為僅剩 37 公分。亦即，媒體算最「聳動」的可能。媒體引述反核日本東北大學工程碩士小出裕章[8]的話，質疑燃料棒可能早就熔蝕水泥牆及圍阻體鋼板，並流向地下；又說核一廠港口附近海底土壤中，檢測出放射性銫。但電力公司說燃料棒已冷卻，熔蝕現象也已停止，這可能與 2011 年 4 月高輻射污水外洩有關。

諸如「核子、輻射、融毀」等字眼，讓不了解其意義的民眾嚇得半死，也讓民眾緊靠媒體尋求指引。地震、海嘯、殘殺等狀況，和「快要爐心融毀」相比，立刻花容失色。懶惰與煽情的媒體一直繪聲繪影地描述放射性末日，但地震海嘯的真正風險（痢疾、感染、飢寒交迫）卻無人報導[9]。

---

[8] 他是日本東北大學工程碩士，現為京都大學原子爐實驗所助教，其認知是核能可怕，例如，在 2011 年告訴情慾作家劉黎兒，若核四爐心融毀，則台灣急性死亡三萬人，七百萬人致癌死亡。2000 年 9 月 28 日，他到台灣宣稱核四若發生爐心熔毀，會有 8,767 人急性死亡，另有 3,345,254 人死於晚發性癌症；遭到原子能委員會主委夏德鈺反駁其謬論。

[9] 邊開車邊談手機很危險，世界衛生組織反對開車邊談手機，但是許多人仍開車邊談手機，置多人於危險中。民眾的認知不見得正確，讓人警惕的例子為義大利人的認知：即使氡氣致癌的風險遠大於電磁場（約 2400 倍），民眾的認知卻相反。

3.8. 最糟情況？無意義的遐想、無限的防衛

若要設想最壞情況，只要一輛油槽車爆炸，立刻著火、附近建物與地下瓦斯管路大爆炸、電線走火、剛好缺水、消防車全壞掉、交通堵塞無法接應、大風猛吹火勢、附近密集高樓與人口、殃及四周各大城市、再擴大到更多城市等。另外，水壩崩塌，剛好颱風洪水，下游大城市剛好有活動而人潮洶湧，道路全毀等。這些接連發生不太可能，但並非「絕對」不可能。

人生大概不需這麼悲慘地設想，否則生活的意義（和樂趣）和無限的防衛，就導致毫無生存的必要。因此，瞭解機率是很重要的，就如，我們點燃瓦斯爐煮菜、過馬路辦事、游泳健身、搭飛機旅行等，大致上均知存活的可能性，否則，瓦斯爆炸、魯莽車或酒醉駕駛撞過來、溺斃、飛機墜地等，將使我們不敢動彈（但地震將導致建物壓死人，不是嗎？）。

3.9. 無人因輻射死亡

所有參與福島第一核能電廠救災的三千六百人中，有九人輻射曝露達到 250 毫西弗；並沒有救災人員因輻射傷亡。在民眾部分，疏散 20 公里以內共約二十萬民眾，這些民眾在經污染檢測後僅有一百多人遭受輕微污染，他們在除污後已無輻射污染問題。

日本福島運轉員週期性地放出蒸氣，避免在反應器中累積壓力，蒸氣稍具放射性，大致上來自短半衰期同位素，對

外界毫無影響。福島核電廠外圍地區（20 至 30 公里範圍內）因少量放射性物質外洩造成的輻射劑量率雖然超過事故前的背景值，但仍不致對人體健康產生危害⑩。但為了慎

日本地震海嘯後一片汪洋又有火災

重，日本政府遷移方圓十二英里的民眾。等到反應器達到冷停機（cold shutdown）⑪，民眾就可回家。6 月 1 日，國際原子能總署報告：「至今並無一人因為輻射而導致健康效應」。此巨災導致外面兩萬人死亡和失蹤⑫，而無人因輻射死亡，即可知該核反應器的堅韌與安全。

2011 年 9 月 29 日，香港城市大學郭位校長（美國工程院院士）發表〈福島事故，沒人因輻射死亡〉文章，提到非正式民調指出台灣有半數的民眾認為因福島核事故而死亡者已逾萬；其實，至今為止，福島事故並無人因輻射死亡。

⑩ 例如，3 月 23 日量測結果，福島第一核電廠大門劑量 0.23 毫西弗。一次胸部 X 光約 0.1 毫西弗；一次牙科全口 X 光約 1.6 毫西弗；一次全身電腦斷層掃瞄約 20～30 毫西弗。
⑪「冷停機」（cold shutdown）：緊急停機時，產生主要熱能的核分裂反應停止了，但是燃料中分裂產物的放射性衰變還是產生熱，起初的幾分鐘大約為停機前的 7%，在二小時後變為 1%，在一天後是 0.5%，在一週後則成 0.2%。即使如此，仍需冷卻，通常在水浴中。當水溫低於 100℃（一大氣壓），稱為冷停機。
⑫ 2012 年 1 月，日本北部大雪，因鏟雪事故死亡即五十人。

3.10. 核能電廠屹立不拔

著名英國媒體專欄作家蒙必爾（George Monbiot）在日本核災後，2011 年 3 月 21 日專欄〈變得更批判：福島災難教我停止憂慮與迎接核能發電〉提到，原來對核能持中立看法的他，因福島事件，轉為支持核能。因為在如此超出想像的龐大天然災難中（二萬人死亡和失蹤、多處大火），一個老舊電廠承受著超過其設計基準的衝擊，發生嚴重事故，卻沒有造成任何人因輻射而傷亡。

民眾常以為核能事故會產生嚴重後果，總是以「超級放大鏡」檢視；但是日本福島核能事故顯示，不但沒比其他產業或能源事故嚴重，甚至更安全。

全球每年二～四個輻射死亡案例，肇因於醫療或產業設備，和核能電廠無關；但媒體或民眾「根本」不在乎。

英國前首席科學家金恩（David King）爵士，今年三月下旬表示，乘坐客機飛越大西洋，受到的宇宙輻射量（但並無妨），就比在日本福島核電廠旁走動還多。沒有一位日本人因為核電廠事故而死亡，但在同一週，有三十位煤礦工人死亡。另外，日本經驗幫助全球改善核電廠，我們應從此事件學到管理風險的教訓。日本的大規模撤出村民，是個謹慎與善意的預防措施，但不表示村民遭遇危險。

3.11. 「愛之適以害之」：為何日本政府沒記取車諾比教訓？

日本共同社 2011 年 5 月 11 日報導，日本放射線影響研究所等機構成立「放射線影響研究機關協議會」，將為福島第一核電站周邊大約十五萬名居民實施三十年以上的體檢，旨在緩解居民擔心健康受影響的不安情緒，對象為福島第一核電站半徑 30 公里區域內或計劃性疏散地區的所有居民。

日本放射線影響研究所位於廣島市和長崎市，根據廣島和長崎遭受原子彈襲擊後核輻射對人體影響的調查結果，建議以三十年為體檢時長標準，但如有必要，體檢期還將延長。

「消除居民的不安情緒是首要課題，」放射線影響研究所理事長大久保利晃說：「我們應及早應對，將相關信息和經驗提供給其他各方。」他又說，「跟福島釋放的劑量相比，甚至抽菸的危害更大；若進行疏散，所引發的焦慮恐怕也比輻射來得嚴重。」

在日本福島核能電廠事故後，原子力技術協會

日本的案例與教訓

最高顧問（前理事長）石川迪夫為文檢討政府的輻射安全規範：國際輻射防護委員會（ICRP）在 2007 年發布，緊急時公眾防護的劑量為每年 20～100 毫西弗，日本政府尚未接受此建議。福島事故後，國際輻射防護委員會再將此建議傳達給日本，但政府採用最低的 20 毫西弗設定福島警戒。政府以為這是為民眾好，其實只是作繭自縛。

例如，在計畫避難裡尚未定案的飯館村，4 月 22 日環境輻射測定值每小時 5 微西弗，則村民住上一年就會稍微超過每年 20 毫西弗。因此飯館村被列為警戒區，其居民就要避難。如果政府選定 50 毫西弗，飯館村就不必避難（不會出現與家畜牛生離死別的畫面）。若選 100 毫西弗就更不用說，很多漂泊在外者都可回到自己溫暖舒適的家裡。

避難對身歷其境的人難挨，其壓力對健康的影響大於來自輻射的影響，這是車諾比事故的教訓。大氣中釋出的輻射已經釋放的差不多了，而環境污染也日益衰減，流離失所的避難應終止。不能回家的理由只在於政府選定 20 毫西弗。

石川迪夫建議採用 100 毫西弗的防護劑量，准許有意願的人回家安居，那些回家定居的人的健康診斷就比照核能從業人員辦理。定居後繼續從事各行各業，而大家繼續購買他們生產的東西，這將讓災區再度復活。

2011 年，聯合國聯合國原子輻射效應科學委員會的車諾比事故報告指出，疏散（加上告訴民眾其健康受到輻射威脅）導致的傷害遠多於輻射。為何日本政府沒記取該教訓？

3.12. 福島軼事

日本《讀賣新聞》報導，3月12日上午，首相菅直人前往福島一廠視察。當時一號機反應爐圍阻體的壓力偏高，原預定首相視察前三小時就要開啟控制閥減壓，然而卻在首相離廠一小時後才開啟。結果當天下午一號機發生氫氣爆炸。原因是開閥會釋放放射性物質，為了不讓首相有任何危險，所以延遲作業時間。東京大學名譽教授宮健三（核工專家）指出：「由於首相的視察而耽誤開啟控制閥的作業，影響到後續工作」。內閣府原子力安全委員會的班目春樹委員長於3月23日也說：「開啟控制閥的作業拖了一些時間，以致讓注入海水的時間慢了幾個小時，這是讓人很痛心的事。」

《周刊新潮》報導「當您是小孩的時候，東京的輻射是一萬倍——對福島縣民的輻射差別待遇」：您知道半世紀前（美蘇核子試爆）東京的輻射是一萬倍嗎？不單是沒有受到輻射污染的番茄等福島縣產的農產品被拒絕，甚至是福島縣民到其他縣市暫時避難的時候，有些地方要求提出「未接受曝露」的證明書。這真是太過份了。因為實施差別待遇的人過去也曾接受輻射曝露，並且劑量甚高，只是自己不知。

3.13. 杯弓蛇影

2011年11月2日，媒體報導，二號機安全廠房檢測出放射性氙，原子能安全保安院在臨時記者會上表示，「極可能」發生了自發性核分裂（擔心來自「臨界狀態」）；造成一些

恐慌。但隔天即澄清，解釋錯誤，其實並非持續發生的核分裂所釋放[13]。

2011 年 12 月 1 日，一直護衛福島第一核電廠指揮救災的電廠所長吉田昌郎退休，這與輻射污染無關。他告訴核電廠員工：「我不得不跟大家致歉，由於日前健康檢查時發現有病，醫師判斷必須趕緊住院治療。沒想到以這樣的形式與震災以來一起工作的伙伴們離別，讓我深感斷腸。我將會專心接受治療，期望能早日再與大家一起工作。」他曾率領二千七百名員工在艱苦環境下救災，媒體報導事故時，他坐鎮核電廠緊急避難室裡掌控全局，同時透過視訊與東京總公司溝通。

3.14. 百折不撓：從廢墟中重生

全世界只有日本曾受原子彈襲擊，此毀滅性災難產生了「原爆文學」，例如，諾貝爾文學獎得主大江健三郎的《廣島箚記》。在日本災難文學中，最具影響力的當數虛構小說《日本沉沒》，1973 年出版後即暢銷；同年，改編的電影更創下票房記錄，掀起日人高度危機意識。

日本有二百多座火山，處於環太平洋火山地震帶，夏秋兩季的颱風，由於地震和颱風引發的海嘯，更是日本時常面

---

⑬ 測得放射性氙濃度約為每立方公分十萬分之一貝克，其實來自核分裂後放射性物質鍢的零星自發性核分裂所產生，而非燃料棒裡的鈾核分裂所致。倘若反應爐重新進入持續性核分裂的臨界狀態，驗出的氙濃度應達一萬倍以上；而且灌入硼酸水（若有核反應就可停止）後仍驗出氙，可知並非來臨界狀態。此外，反應器的溫度和壓力也未出現異常變化。

臨的現實威脅。「海嘯」的英文「tsunami」，就是日文而來。災難磨練出冷靜、堅忍、勇於面對無常及守望相助的民族性。2011 年，《時代》雜誌刊登日本政府的廣告〈恢復之道〉（Road to Recovery），談日人經歷各式的打擊而一再站起來⑭。

三一一強震後，日本自認最貴重的財產是「絆」（kizuna，連繫），著名演員渡邊謙與編劇小山薰堂為災民架設的網站，取名為kizuna311：「能不能跨越這樣的艱困，關鍵在人與人之間的『絆』。我們希望向災區與全世界，傳送這股『絆』的力量。」知名漫畫「灌籃高手」作者井上雄彥等人以圖文鼓勵「災區的民眾，雖然困難重重，但是請大家絕對不要認輸氣餒，加油！」

類似地，日語「有

日本海嘯圖

美國投資大師巴菲特支持福島設立工廠（2011 年 11 月）

---

⑭ 欽佩其百折不撓的意志力，每次打擊後，如火浴鳳凰般重生。

難」（你賜物，我領謝）、「我慢」（你要忍耐，我來救）、「思遺」（你有問題，我關心）、「一生懸命」（拼命）反映社會風格。日本媒體報導災難平實、自斂、不煽情。民眾不搶購物資，大家只取所需，把飲水和食物留給別人。逃難遇上塞車，即使隔壁車道空著也不超車。日本民眾不把災難當成脫序的藉口，不覺得自己的苦難比別人嚴重而有發洩的權利；大難中能保持秩序，公民的素質即在此看出高下。大規模災難發生後，往往會因物資缺乏及公權力失效引發偷、搶等失序現象；美國卡翠納風災後，紐奧爾良即發生暴亂，如同無政府狀態。

福島縣美空雲雀遺影碑

日本作家曾野綾子為文〈年輕人要經得起嚴酷人生的考驗〉，某媒體推出特輯〈廢墟中重生，蘋果花精神正開〉：知名歌手美空雲雀的〈蘋果之花〉，說的是日本人的「花謝了，明年會再開」精神。

四、自然現象與人為後果

　　民眾需要瞭解自然界二十億年前即有核反應，而且持續幾十萬年。今天民生需要用電，但其他發電方式就比較好嗎？

1. 天然核反應器

　　1972 年，法國物理學家佩蘭（Francis Perrin）於非洲加彭國鈾礦場「歐克陸」（Oklo），發現二十億年前在此地曾存在「天然核能廠」。

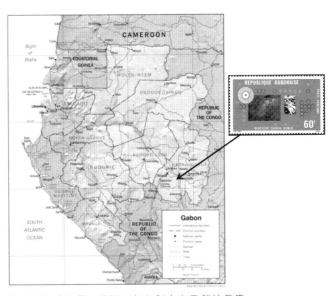

歐克陸鈾礦位置：非洲西部加彭古有天然核反應

根據美國華盛頓大學梅席克（Alex Meshik），2005年 11 月，在《科學人》（Scientific American）的文章〈古代核反應爐的運作〉（The Workings of an Ancient Nuclear Reactor），故事源頭

天然核反應：歐克陸鈾礦

是，1972 年 5 月，法國核燃料處理廠員工分析鈾礦，發現加彭（曾為法國殖民地）歐克陸礦床的樣本中，鈾-235 只占0.717%；而且鈾-235 的含量短少，將近 200 公斤的鈾-235 不見了，而這些量足以製造半打左右的核彈。因為鈾的三種同位素（含量最豐富的鈾-238、最稀少的鈾-234、連鎖核反應用鈾-235）比例，在全世界各處、月球、隕石裡，均為鈾-235 占鈾總量的 0.720%，為何歐克陸礦床的短少？

其實，科學界已曾猜想過類似事宜：1953 年美國加大洛杉磯分校的魏勒里（George Wetherill）和芝加哥大學的殷格蘭（Mark Inghram）指出，某些鈾礦床似乎曾為天然核反應堆。接著，阿肯色大學化學家黑田和夫（Paul Kuroda）推測鈾礦自發產生核分裂反應的條件：(1)鈾礦床的大小，必須超過核分裂所產生的中子所移動的平均長度，約為三分之二公尺（確保分裂原子核釋放出的中子，在逃逸出鈾礦脈之前，會被另個原了吸收）。(2)鈾-235 的含量必須夠充足。二十億年前大約是歐克陸礦床形成時，鈾-235 的比率約為 3%，濃度相當於大多數核能發電廠所使用。(3)中子緩衝劑能使鈾原子核分

裂時所釋放出的中子減速，而更容易促使其他的鈾原子核分裂。⑷周圍不能有大量的硼、鋰、或其他抑制劑（會吸收中子，使核反應中止）。

歐克陸鈾礦（和鄰近鈾礦）中，有十六處個別區域的環境條件，非常接近黑田和夫的描述。

除了鈾-235 的含量短少，其他證據是原子核分裂時產生新的輕元素，這些輕元素的含量極高，除了是核分裂產物外，無法有其他的解釋。這種連鎖核反應非常類似費米（Enrico Fermi）團隊 1942 年證實的鈾分裂反應。

世界各地的物理學家於 1975 年在加彭的首府自由市舉辦研討會，分享「歐克陸現象」研究。科學家推論，核分裂反應曾進行了好幾十萬年，又根據鈾-235 消耗的量，估計釋放的總能量，相當於功率 1,500 萬千瓦的機器運作一年所產生的能量；而由此和其他證據，能推算平均輸出功率大致低於 100 千瓦。總之，十幾個天然核反應堆自發反應，連續數十萬年輸出微弱的功率。其機制類似間歇泉，緩慢的加熱，然後再一次壯觀的噴發中排出所有蓄積的沸騰地下水，然後再重新蓄水，重複上述循環（約每運作半小時，醞釀兩個半小時）。流經歐克陸礦床的地下水是中子緩衝劑，地下水沸騰排出是這些天然反應堆自我調控而不致摧毀的機制。

此現象也在巴西的 Morro de Ferro、加拿大的 Cigar Lake 發現。

害怕放射性核種隨便擴散者，可想想，在此天然核反應器情況，產生核分裂後放射性核種，二十億年來，最長壽的

放射性核種也只擴散幾十公尺，這是在高度不佳環境（西非熱帶雨林表土）中的實例；若多層保護和深度岩層下妥善處理的廢棄物[①]，放射性核種將在幾萬年擴散多遠嗎？

2. 全球暖化

2.1. 什麼是溫室效應？

太陽是地球生命能量之源，來自太陽的能量為短波長的輻射線，並不被溫室氣體阻擋，但經過地表反射後，就變成了長波長的輻射線，容易被溫室氣體阻擋；而波長在5～30微米間的熱輻射十分容易被水蒸氣和二氧化碳吸收，因此空氣的溫度升高。但這也是使得地球適於居住的重要因素，倘若在夜間時沒有溫室氣體發揮保溫的功能，則地表平均溫度將是-18℃，和月球表面一樣寒冷。

特別的是，地球所接收到最多的熱輻射波長在波長8～18微米之間，但卻最不易被水蒸氣吸收；而12.5～18微米最易被二氧化碳吸收，在這範圍之外的熱輻射恰巧也能被許多氣體吸收，像是甲烷、臭氧、氟氯碳化物、氮氧化物，所以二氧化碳濃度一高，所吸收的熱能也越多。這導致在地表附近的大氣留住更多的熱，因此地球氣溫也升高。

水蒸氣可以吸收輻射熱，同時也有一種平衡機制；當水蒸氣凝聚成較大的分子，能將三分之一入射到地球的太陽光

[①] 據悉前任原委會主委歐陽敏盛有一句名言：「大家聽到廢棄物，就好像聽到鬼一樣。」鬼只是虛擬想像的概念，毫無科學證據。

反射回太空；而這項機制由於漂浮在空氣中的硝酸鹽類和其他可提供做為凝結核的灰塵造成，目前大氣中近半數的硝酸鹽是由電廠和工業排放的二氧化硫（二氧化硫）形成，尤以北半球最多。火山也會噴發出許多灰和一些酸性浮質，這些多懸浮在較高空，而硫酸鹽類浮質則漂浮在平流層數年，這些都能使得部分陽光反射回太空，因此暫時使地球有冷卻的效應；在北半球，溫室氣體中帶有高量的硫酸鹽類浮質，減少了一半太陽對地球的加熱效應。

能源的 CO_2 排放比較圖

	平均值	低值	高值
	噸-二氧化碳／十億瓦小時		
褐煤	1,054	790	1,372
煤	888	756	1,310
油	733	547	935
天然氣	499	362	891
太陽能	85	13	731
生質能	45	10	101
核能	29	2	130
水力	26	2	237
風力	26	6	124

2.2. 全球氣候變遷與溫室氣體

冰川漸融、春天提早到、樹木「往北走」、動物活動範圍改變等，諸項證據顯示地球在暖化中；例如，地球在二十世紀增溫 0.8℃。

地球暖化的原因有二項可能，一是地球接收更多熱、二

受全球暖化影響，在瑞士阿爾卑斯山的阿萊奇冰川正在不斷後退

是地球的散熱更少。由衛星資料可知，太陽對地球的加熱在幾世紀以來無明顯變化；因此，答案是第二項的散熱變少。地球上的熱本可散出，但溫室氣體吸收這些熱，又輻射到地球上，人類產生更多溫室氣體後，地球就更熱。以前地球的二氧化碳增加時，地球就增溫。十九世紀工業革命以來，二氧化碳濃度已經從 280 ppm 增為 380 ppm。衛星資料顯示逃逸的熱更少，而反射到地球上的熱更多。二氧化碳的增加為近來地球暖化的首要原因。

聯合國「跨政府氣候變遷小組」（IPCC）在 2007 年表示，預估全球溫度在本世紀以前上升 2.4～6.4℃。當時二氧化碳濃度 380 ppm，依其趨勢，2060 年前即會增溫 4℃。2011 年 11 月 5 日，媒體報導美國能源部估算，2010 年全球溫室氣體排放量比 2009 年多出五億一千二百萬公噸（成長率 6%），而為歷史新高，比四年前氣候專家預測的最糟情況還要高。導致氣候變遷最主要禍首化石燃料用量大增。

全球暖化的後果之一為海洋變暖而擴增體積，冰融入海也提高海平面。若冰島與南極的所有冰融化，海平面將增加 60 公尺以上。現在是二個冰河期之中的溫暖期，五十萬年前，溫度比現在溫暖不到 1℃，海平面上升約 5 公尺。三百萬年前，溫度約增加 1～2℃，海平面上升超過 25 公尺。過去百萬年來的資量顯示，地球每增溫 1℃，海平面會上升 20 公尺。

　　過去三十年間，全球平均溫度上升速率至約過去百年的三倍，相當於每百年增加 2℃。聯合國跨政府氣候變遷小組表示，2004 年，全球大氣二氧化碳濃度為 385 ppm，每年增加 2 ppm，至 2050 年達 550 ppm，大氣溫度增加 3.2～4.0℃。國際間目前討論的減量目標，多以維持氣候穩定為目標，亦即大氣二氧化碳濃度維持為 350～400 ppm，大氣溫度維持增加 2.0～2.4℃間。欲達此項目標需大幅降低二氧化碳排放量，需減較 2000 年之排放量減 50%～85%間，極具挑戰性。2009 年丹麥哥本哈根會談提出 450 政策情境，即達到大氣二氧化碳濃度維持在 450 ppm 目標下的政策與制度，維持全球大氣溫升在 2℃以內。

2.3. 也要面對其他溫室氣體

　　大氣中二氧化碳的存在時期為三十～九十五年，雖然半數以上的二氧化碳在百年內會從大氣中消失，約兩成的二氧化碳仍存留在大氣中數萬年。全球暖化潛能（global warming potential）依溫室氣體的效率與存在時期而定，相對於二氧化碳的值如下表。

表一：各種溫室氣體

溫室氣體	用途、來源	化學式	存在期（年）	全球暖化潛能		
				20 年	100 年	500 年
二氧化碳	化石燃料、滅火器	CO_2	63	1	1	1
甲烷	化石燃料、有機廢物分解	CH_4	12	72	25	7.6
一氧化二氮	麻醉劑、耕作、氮肥、生產尼龍、化石燃料、其他有機物	N_2O	114	289	298	153
二氟二氯甲烷	致冷劑、滅火劑、殺蟲劑	CCl_2F_2	100	11,000	10,900	5,200
二氟一氯甲烷	致冷劑、樹脂、滅火劑	$CHClF_2$	12	5,160	1,810	549
四氟甲烷	製造絕緣物質、半導體、電路板	CF_4	50,000	5,210	7,390	11,200
六氟乙烷	生產半導體、製冷劑	C_2F_6	10,000	8,630	12,200	18,200
六氟化硫	致冷劑	SF_6	3,200	16,300	22,800	32,600
三氟化氮	生產半導體、液晶、太陽能電池	NF_3	740	12,300	17,200	20,700

因此，不只發電，其他現代民生產品也導致地球升溫；人類必須面對「幅員廣大」的長期抗戰。

2.4. 氣候變遷是個國安議題嗎？

美國國家科學院與其他單位合作出版《科技議題》（Issues in Science and Technology）季刊，2011 年春季號有文〈氣候變遷是個國安議題嗎？〉，整理美國的顧慮如下。

表二：氣候變遷與國家安全

影響	國力	地方（州）困境	衝突
水資源分配	失業	農業受損、影響民生	爭奪水資源
嚴重氣候事件	經濟損失	救災排擠常規	地盤之爭
熱浪	疾病大流行	更多基本需求	暴動
乾旱	經濟損失	食物與水的操控	地盤之爭
海水上升	海岸基地受損	民眾流離失所與社會問題	混亂
洪水	軍力受損	基礎建設受損	增加紛爭

　　2011 年 11 月 9 日，國科會《台灣氣候變遷科學報告 2011》指出，台灣在本世紀末溫度將上升 2～3℃，且極端高溫的情形會較為嚴重、低溫事件發生機率減少。雨量方面，推估未來冬季雨量減少 3～22%，夏季雨量增加 2～26%且降雨強度增加。台灣近三十年（1980～2009）氣溫的增加明顯加快，每十年的上升幅度為 0.29℃，幾乎是百年趨勢值的兩倍，與跨政府氣候變遷小組第四次評估報告結論一致。在海平面上升方面，1993～2003 年間，平均每年上升 0.57 公分，速率為過去五十年的二倍。

　　2011 年 11 月 14 日，國際科學理事會理事長李遠哲受訪指出，全球溫度每增加 1 度，全球前 10%強降雨量就會增加約 1.1 倍，台灣則會增加 1.4 倍。2050 年，溫度可能上升 2～3 度。人類產生的二氧化碳已經到達非常危險的臨界值。

2.5. 分辨輕重緩急

2006 年 4 月，中央研究院院長李遠哲在「國家永續發展會議」指出，全世界二氧化碳排放量一直在增加中，台灣每年每人二氧化碳平均排放量是 12.4 噸，僅次於美國的 19.95 噸、澳洲的 19.1 噸。二氧化碳的減量是當務之急，廢棄物與核能安全問題並不嚴重，核二、核三廠應沿用，核四也應繼續興建。結果，引起環保者哇哇叫：「廢棄物就搬到中研院好了」。

反核者只顧反核，不知宏觀大環境與利弊得失，此又為一例。

2008 年 2 月，前中研院院長李遠哲擔任召集人的中研院環境與能源小組，提出能源建言，重點之一就是支持核四續建。這份名為〈因應地球暖化台灣之能源政策〉，二氧化碳減量是這份建言的核心，續建核四與否則攸關減碳。如果核四不續建，台灣將無法取得有效替代能源，屆時會導致繼續大量使用燃煤。

因為在 1972 年發表著名報告《增長的極限》（The Limits to Growth），羅馬俱樂部（The Club of Rome，非營利世界組織，志在找出人類關鍵問題，並與最重要決策者和大眾溝通）的動向頗受世界注意。該組織原批評核能，近來因為關切全球暖化而支持核能。

歐盟新能源政策於 2007 年 3 月公布，開宗明義提及核能發電功效，贊成核能發電對於減少二氧化碳的排放會有貢獻。

美國超過六百個燃煤電廠每年排放二氧化碳量，約等於三億輛車排放值，根據美國「清淨空氣委員會」（Clean Air Council）報告，美國排放的二氧化硫，燃煤電廠排放 64%、氮氧化物 26%、汞 33%。美國一百零三個核能電廠助益每年減少排放七億噸二氧化碳。

2.6. 碳稅

碳存在於所有碳氫燃料（煤、石油、天然氣），因此，燃燒它們時會釋放出二氧化碳。對照地，非燃燒能源（風、陽光、水力、核能）就不產生二氧化碳。碳稅是針對排放二氧化碳而徵收的環境稅。二氧化碳為是造成全球氣候變暖的主要原因，通過稅收手段，抑制排放二氧化碳，從而減緩氣候變暖進程。

國際原子能總署估算各類型發電方法「生命週期中，每度電的二氧化碳排放量」，核能為 9～21 公克、太陽能光電池 100～280 公克、風力 10～48 公克、燃煤 966～1,306 公克。為因應全球暖化危機，先進國家將加強產品標示「碳足跡」（製造該產品所產生二氧化碳的量）[2]。

---

[2] 依據台南大學黃鎮江教授 98 年全國能源會議資料，我國競爭對手韓國核能發電比例約為 40%，其 2007 年電力碳強度（每度電排放之二氧化碳量）為 445 克，台灣為 570 克。

2012 年 2 月 8 日，綠色消費者基金會董事長為文〈燃煤發電是台灣的燃眉之急〉提到，現在台灣的電子產業碳排放係數比日韓等競爭對手高出 50%，因為台電的碳排放量高於這些國家。由於除核四外，未來無新核能機組，電源缺口將以燃煤發電替補，預估 2018 年燃煤 3152.7 萬瓩（比 2010 年的 1783.0 萬瓩增加 42%）。

2011 年 11 月，澳洲政府宣布自 2012 年起，徵收每噸碳稅二十三美元。核能發電每年為我國減少三千萬噸排放，幾乎減少的 13%的二氧化碳的排放，若我國比照其碳稅，則相當於每年替社會節省六十九億美元的碳稅。

　　全球零售業龍頭沃爾瑪（Walmart）將在 2014 年起，要求上架產品必須配合提供「碳足跡」（碳標籤；產品生命週期的碳排放數據），也進一步要求「碳關稅」。台灣電子業的採購大廠惠普（HP），要求 70%以上的初級供應商必須配合揭露溫室氣體排放量，這對台灣業者影響大，因為台灣的電力排放係數較外國競爭者的高。

2.7. 糧食安全

　　氣候變遷影響農業的產出能力和全球糧食供應的穩定度。氣候變遷造成許多地區降雨規律的大幅變異；亟需提升用水效率和強化儲水能力，水資源的合作與彈性分配機制。

　　聯合國氣候變遷綱要公約（UNFCCC）締約方第十七次會議，11 月 28 日起在南非召開，商討京都議定書後的新減碳目標，及 2020 年前每年挹注一千億美元協助窮國抗暖化的「綠色氣候基金」。在會議召開之際，英國慈善組織「樂施會」（Oxfarm）報告指出，極端氣候的熱浪乾旱與暴雨洪災已造成糧價上漲，過去十八個月來已使得億萬人成為赤窮，加劇糧食安全問題。

3. 酸雨

　　酸雨（酸性沈降）分為「濕沈降」（氣狀或粒狀污染物隨著雨雪霧雹落到地面）與「乾沈降」（無雨時從空中降下來的落塵所帶的酸性物質）兩大類。「酸雨」來自人為酸性污染物的影響，主要是硫氧化物（石化燃料等）、氮氧化物（工廠高溫燃燒過程等）。

　　酸污染對人類直接影響就是呼吸方面的問題，包括哮喘、乾咳、頭痛、和眼睛、鼻子、喉嚨的過敏。間接影響包括溶解有毒金屬而被水果、蔬菜和動物的組織吸收，導致累積的汞可能傷及腦和神經。酸性會沈積在建築物（橋樑等）和雕像上，造成侵蝕。1967 年，美國俄亥俄河上的橋倒塌，造成四十六人死亡，主因為酸雨的腐蝕。酸雨會影響植物葉子，溶解土壤中的金屬元素而造成礦物質流失，導致植物吸收問題。酸雨影響河川或湖泊而傷及水產。形成酸雨的物質，會形成光化學煙霧的物質，導致能見度下降。

　　酸雨產生的政治問題包括美國中西部產生酸雨傷及加拿大、英國產生酸雨傷及北歐與德國。

4. 空氣污染

　　世界衛生組織指出，全球每年約三百萬人因空氣污染問題死亡，30～40%的氣喘（全球約有一億五千萬氣喘患者）及20～30%的呼吸系統疾病，也由空氣污染所致。每年美國有三萬名幼兒因火力發電廠污染死亡，數十萬人因發電廠污染而

有氣喘、心臟及呼吸道毛病。我國二百萬名氣喘患者中，每年約有一千三百八十人死亡，以聯合國計算 30～40%的氣喘患者由空氣污染所引起，概估我國約七十萬人因空氣污染而成為氣喘患者。

2011 年 9 月 26 日，世界衛生組織公布，全球空氣污染數據，測量小於 10 微米（PM10）的懸浮粒子，會導致嚴重呼吸道問題，該組織的建議濃度上限為每立方公尺 20 微克，其主要是來自發電廠、汽車排煙、工業化的二氧化硫和二氧化氮。全球一年有一百三十四萬人因空污早逝。

2012 年 1 月 13 日，報載彰化台中地區六個環保團體陳情，堅決反對龍風火力發電廠及彰工火力發電廠開發案，並要求現有的台中火力發電廠不予擴建或增設機組，且由燃煤改為燃燒天然氣。環保團體指出，中部因有台中火力發電廠，空氣品質污染程度是全國第一，空氣污染物中，細懸浮微粒對人體心肺功能危害頗大，根據環保署 2008 年發布的數據，台中地區細懸浮微粒平均濃度為 35～40 微克，高於 15 微克的管制標準[3]。

5. 能源安全

中東地區盛產石油，但是政治與社會情勢非常不穩定，石油價格易受波動，至於禁運石油就更麻煩；兩次石油危機就是

---

[3] 在 1988～1999 年間，台電賠償公害 36.7 億元（1979 年大林電廠與煤場污染……）。台灣燃煤電廠（燃煤和油）一年排放硫化物 159,217 噸、氮氧化物 83,571 噸。

例子。

　　第一次石油危機（1973～1974）來自以阿中東戰爭，嚴重影響世界經濟的是石油禁運與油價上漲，原油從每桶不到三美元漲到超過十三美元。原油價格暴漲引起了西方已開發國家的經濟衰退，美國國內生產總值增長下降 4.7%，日本下降 7%。第二次石油危機（1979～1980）來自伊朗革命與兩伊戰爭，原油價格從 1979 年的每桶十五美元左右最高漲到 1981年 2 月的三十九美元。美國國內生產總值下降 3%。兩次石油危機期間，我國消費者物價指數累積漲幅分別為 26.7%及6.2%。

　　我國能礦資源匱乏，進口能源占總能源供給比例高達99.4%（如依國際能源總署能源統計，將核能列為自產，則為90.6%）[④]，且為孤立島國能源供應體系，致使能源安全體系脆弱。因此，需考慮諸如戰爭、價格飆漲、無法取得等因素，而發展採用多元的能源。基於國家安全的考量，一個國家通常會貯存一定數量燃料，一旦國家被封鎖或國際情勢發生重大變化時，可以維持能源的供應以度過危機。

　　2012 年 1 月 11 日，媒體報導，中油台電去年共虧 820 億元：2011 年上半年中東地區有茉莉花革命，造成國際油價大漲，又有日本三一一福島海嘯災難，市場對於天然氣需求急增，也讓天然氣價格暴漲，但是國內為了穩定物價，天然氣與油價均減半調漲，所以油品虧損 292 億元、天然氣則是虧

---

④ 日本進口能源占比為 96.1%（若考慮核能的定義 83.3%）、韓國為 98.1%（84.2%）。

損 187 億元，兩者合計虧損高達 479 億元。2012 年初美國主導制裁伊朗，禁止進口伊朗原油，造成國際油價上漲，每桶達到一百一十美元。另外，台電 2011 年度虧損 433 億元，主要是國際油價、天然氣與燃煤上漲，但是國內因為配合政策，無法合理反映電價成本，台電必須要自行吸收發電上漲成本。

6.「1 公克鈾＝ 3 噸煤＝ 600 加侖油」

一座發電量為 1,000 百萬瓦的發電廠（約等於核二廠發電量的一半），如果使用煤為燃料，需要 210～300 萬公噸煤；石油需要 140～200 萬公噸；天然氣需要 230 萬公噸；核燃料僅為 30 噸。例如，核四廠每年要用掉 80 噸的核燃料，只要兩標準貨櫃運載。如果換成燃煤，需要 515 萬噸，每天要用 20 噸的大卡車運 705 車才夠。如果使用天然氣，需要 143 萬噸，接近全台灣 692 萬戶的瓦斯用量。

另外，核能發電的成本較其他發電方式的成本穩定。核能電廠的建廠成本高，折舊與利息占總發電成本的 36%，而燃料僅 16%。天然氣則相反，折舊與利息僅 10%，但燃料成本達 83%。因此，若國際燃料價格波動，對天然氣發電的影響較大。核燃料體積小、運貯方便，故核能發電被視為「準自產能源」。能源依賴進口的國家使用核能發電，可以降低能源危機時的衝擊

全球能源取得日趨昂貴與困難、能源價格變動幅度加劇，亟需不限電與穩定供電⑤、維持合理電價、國際承諾（節能減

碳）。台灣三座核電廠若停止運轉，我國會加重仰賴化石燃料。

　　我國為海島型國家，電力為孤立系統，不像歐洲電網可互相支援；我國若遇到機組故障等突發事故，即面臨缺電與限電困境，和歐美擁有廣大電力網做後盾完全不同。

　　同屬獨立電力系統的島國，如英國、日本、南韓，體認電力供應的自主性與危機，就會支持核能。

　　2001 年起，油價從每桶十一美元，一路攀高到一百美元。天然氣價格，上升十倍。台電燃料費（億元）變化為：

年	2003	2004	2005	2006	2007
燃料費（億元）	871	1,058	1,245	1,492	2,118

　　四年間，燃料支出增加 1,247 億元，但是核能燃料費用下降約 5%。

7. 理當善用自然資源

　　億萬年才形成的石化原料在一兩百年內燒完，這是非常可惜的事。諸如「乙烯、苯」等化學原料為現代生活的基本原料，舉凡食衣住行育樂與衛生保健均會用到，而這些原料大致上來自石油、煤、天然氣等石化原料，因此，均為可貴的資源；若拿來燃燒而發電用和讓交通工具「燒掉」，實在浪費與可惜。

---

⑤ 2011 年 7 月 5 日，台北市公館商圈店家與住戶，一個多月來屢受無預警斷電之苦，商機與民生大受影響。台電說明，當地近來供電不穩是因為「用電超過負載」。民眾要遭遇無電困境，才會體察電力適切供應的重要性。

但是「鈾」幾無其他用途，拿來當做核能發電原料正是「適得其所」，又可免去當原子彈原料（減少核彈風險），實在「善盡其用」。何況，不使用鈾原料，它會自然衰變掉。增加核電就可減少浪費石化原料、減少全球暖化、減少酸雨等污染，就如法國所為。

五、宏觀人生風險

　　人生有許多風險[1]，未出生前，「唐氏症」等各種可能病變即足以嚇壞孕婦；至於接下來的流產、感染、注射疫苗等，均顯示人生風險一直在旁侍候，伺機致病或奪命。

　　宏觀地審視人生各種風險，助益平衡資源的投入和更健康。例如，2004 年我國國民死因，事故傷害排名第五（8,453人），其細分類依序是交通事故、溺水、意外墮落、意外中毒、火災、自殺等，因此，社會或個人資源（和注意力）需多投資在這些方面。

　　在此舉兩人生風險的例子，一為車禍，因為年輕人傷亡多；二為火災，因為情景悲慘。兩例的後遺症（重傷……）均對個人與社會影響甚大；其風險的傷害很大，而且頻繁，這是我們應更注意、花費更多資源防治的對象。

　　可惜，反核者儘是搞錯對象、製造虛擬恐慌、冤顧人命、錯置資源。

---

[1] 風險是指某損失或傷害的可能性，強調的是某種傷害在未來可能發生的可能性，通常以機率或頻率（單位時間內發生的機率）來表示。如果損害已然發生，稱之為災難。凡事都有風險，採取適當的防範措施，可以降低災難發生的機會，也就降低了風險。

1. 車禍風險

依據警政署，2005～2007 年，全國發生傷亡的交通事故數平均每年 154,328 件（平均每天 423 件），其中機車案 130,597 件（占 85%），而以二十一～三十歲最多（占 39%）。在人數方面，平均每年傷亡 349,852 人，其中機車案 157,795 人（占 45%）。

表一：衛生署統計歷年交通事故死亡

年度	死亡人數
2001	4,787
2002	4,322
2003	4,389
2004	4,735
2005	4,735
2006	4,637
2007	4,007
2008	3,646

上表顯示，每年交通事故幾十萬件、死亡幾千人、受傷數幾十萬人。醫院急診室常可見這些血淋淋景象。交通工具導致這般重大傷亡，我們仍繼續使用，為何？

相對於這些嚴重折損，1978 年我國開始使用核能發電以來，並無一人因其輻射而死亡；「核能恐慌」何其荒謬！我國各界這麼多賢達人士，何以容許這麼荒誕不經的觀念存在這麼

多年?加害社會這麼
大?

2. 火災風險

　　根據我國消防署，
歷年火災統計如下。平
均一年幾千或一萬多次
火災，也常伴隨傷亡
者。

車禍現場慘不忍睹

表二：我國歷年火災統計

年	死亡人數	受傷人數	火災次數	縱火數	瓦斯漏氣或爆炸數
2000	262	732	15,560	1,004	75
2001	234	806	13,750	1,120	88
2002	193	664	13,244	1,124	79
2003	228	768	8,642	752	56
2004	160	551	6,611	559	46
2005	139	532	5,139	565	40
2006	125	471	4,332	480	57
2007	120	398	3,392	419	39
2008	101	304	2,886	385	28
2009	117	296	2,621	294	37

　　火災原因包括瓦斯漏氣或爆炸數，每年數十起。另外，
瓦斯漏氣[2]（一氧化碳中毒）另造成不少傷亡。這是「能源」

---

[2] 2010 年，消防署公布我國瓦斯事件（一氧化碳中毒）共五十三件，導致十七人
　死亡、一百二十三人受傷。

火災

直接相關事件，這是使用此能源的代價之一。風險這麼高、傷亡這麼大，國人還不是接納瓦斯（天然氣）。

火災現場慘不忍睹，黑煙漫天籠罩、火舌吞噬人與物。死者悲慘，存者的心裡創傷嚴重無法形容，甚至餘生夢魘。民眾到底多麼努力預防火災呢？也許火災警報器（放射性可救人的範例③）的裝置是個指標，但它未必普遍或受重視。樓梯間堆置雜物（甚至易燃物），也是個指標。

每年我國的車禍和火災導致無數損失，若國人能像防治「輻射」那般防治車禍與火災，則社會傷亡大幅減少。

為何民眾更害怕某些較低風險的事物呢？因為我們面對恐懼時，更傾向情緒和直覺。我們對風險的認知不見得「理性」，這會讓人做錯決定，例如，不能宏觀地比較風險，將資源花費在其實只是很小的風險上。

③ 許多住家、辦公場所、廠房內裝置的消防用途煙霧偵檢器，裡面含低放射活度的鋂-241射源，會放出阿伐粒子而游離煙霧偵檢器內的空氣，使空氣具導電性，進入偵檢器內的煙霧微粒會把電流抑低而啟動警報。此元件的活度低於豁免管制量。

3. 國人十大死因

2011 年 6 月 15 日，衛生署公布國人 2010 年的十大死因[④]，結果，「肥胖[⑤]」為頭號殺手。國人十大死因中的惡性腫瘤、心臟疾病、腦血管疾病、糖尿病、高血壓性疾病、腎病六項都與肥胖有關。

相較於其他因素，肥胖「殺死」最多國人！當然囉，它傷害更多人。這個社會是否能像注意「輻射」一般地注意到「肥胖」？

美國科學與健康委員會〔American Council on Science and Health，創建於 1978 年，成員包括諾貝爾獎得主薄洛格（Norman Borlaug）等人〕，於 2008 年指出，致死因素依序為抽菸、肥胖、意外傷、醫療錯誤、醫院內感染、酗酒、傷害、二手菸等。

民眾擔心輻射致癌，但實際上，生活環境的人為輻射量遠低於天然的。更重要的是，我們周遭的致癌因子大部分是化學的（而少來自輻射的）；美國加大生化教授兼國家科學院院士愛姆斯（Bruce Ames）曾指出抽菸是美國癌症

愛姆斯（Bruce Ames）

[④] 2012 年 1 月 29 日，日本公布 2007 年死亡（總數約 111 萬人）因素，首因抽菸罹癌而亡約十三萬人，高血壓導致腦中風等病而亡約十萬人。接序的死因為運動不足、高血糖。

[⑤] 澳洲日報 2011 年 12 月 14 日報導，該國膳食指南編纂委員會主席 Amanda Lee 說，澳洲人的死因 56%與肥胖有關。

首號元兇。英國生化毒物教授提布列（John Timbrell）表示，近代許多疾病來自不良的生活方式，首惡也是抽菸。我國國家衛生研究院溫啟邦教授 2008 年說，國人致癌因子中，致癌率由大而小依序為吸菸、飲食不當、肥胖、吃檳榔、缺乏運動、喝酒等。

我國每人一生罹癌機率約為 25%（每百人中，約二十五人會罹癌）。因此，癌症相當普遍，面對之道是與癌症和平共處，而非恐慌（更不要隨便歸罪於輻射）。

4. 權衡風險與利益

古人即察覺勿「因噎廢食」，知道人生存在各式風險，但須衡量其利弊得失，而非片面偏見決定。例如，2010 年 10 月，主婦聯盟抽驗市售葉菜，發現含硝酸鹽，但是，衛生署食品藥物管理局強調，歐盟食品安全局對蔬果含硝酸鹽評估結論是，吃蔬果好處，高於攝入硝酸鹽風險，民眾勿因噎廢食。

人類福祉很大一部分來自放射性同位素和可核分裂物質等在醫學、工業、科學研究和動力生產等方面的應用。然而，實現這些目標必然會使人們在預計的、和正常的使用這些輻射源時，以及發生事故時受到輻射曝露。因為任何輻射曝露包含了對個人的某些風險，所以允許的曝露程度對所達到的結果來說應當是值得的。因此，原則上，輻射防護的目標是權衡人類在其中承擔的風險與獲得的利益，並折衷處置。從對人類社會的總體危害來看，如果輻射防護標準過於寬鬆，

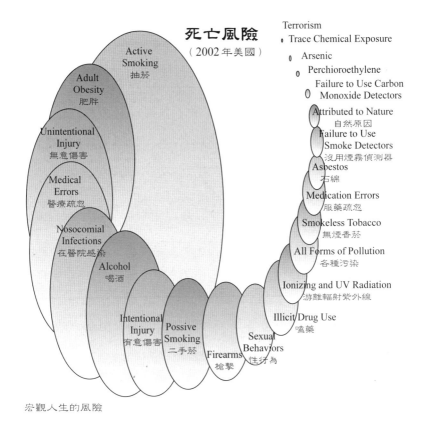

死亡風險
（2002年美國）

Active Smoking 抽菸
Adult Obesity 肥胖
Unintentional Injury 無意傷害
Medical Errors 醫療疏忽
Nosocomial Infections 在醫院感染
Alcohol 喝酒
Intentional Injury 有意傷害
Possive Smoking 二手菸
Firearms 槍擊
Sexual Behaviors 性行為

Terrorism
Trace Chemical Exposure
Arsenic
Perchioroethylene
Failure to Use Carbon Monoxide Detectors
Attributed to Nature 自然原因
Failure to Use Smoke Detectors 沒用煙霧偵測器
Asbestos 石綿
Medication Errors 服藥疏忽
Smokeless Tobacco 無煙香菸
All Forms of Pollution 各種污染
Ionizing and UV Radiation 游離輻射紫外線
Illicit Drug Use 嗑藥

宏觀人生的風險

則風險可能達到不可接受的那麼大，相反如果過於嚴苛，則
該活動可能花費太大難以實施，或者不切實際。

　　權衡風險與利益的例子：使用放射性碘診斷甲狀腺機能
亢進。患者口服放射性碘標誌的溶液後，偵測從甲狀腺放出
的輻射來測量甲狀腺吸收該元素的速率；則此醫學作為隱含
預期對患者的利益，將超過輻射對他們造成的危害。而且，
對人類社會的利益，將超過對其他人員（包括廣大公眾）在

該物料的加工、生產、運輸、儲存和最終處置等造成的曝露危害。

輻射防護中風險與利益之間的取捨不易精確說明，因為輻射造成的風險無法精確瞭解；而利益也常不易衡量，因常涉及價值判斷問題。國家的輻射防護標準是為全國而定，可接受度取決於社會整體，而非某個人或特定團體。風險限值的設定是一種社會判斷，代表著社會願意承受的風險；公路車速限值的設定就是佳例，車速越高，傷亡越多；但民眾接納某車速與傷亡。

為何民眾特別擔心核能？輻射無影無蹤，輻射科學難以瞭解；民眾覺得核電不是自己所能操控，而又被迫接受此非自願的風險。它是人為的，又可能導致癌症，因此會擔心。其實，核能電廠相當安全，但民眾還是擔憂；就像飛航遠比開車安全，但是民眾擔心撞機遠多於車禍。

因為核能事故而遷移居民，確是不便，但近代工程諸如建設高速公路、毒氣外洩，也會導致遷居與不便。

民眾認為非常繁複的安全作法表示潛在危險非常大，因此，民眾更擔心，結果輻射安全成為「惡性循環」，防護越多，民眾越擔心，越要求更多保護。

5. 為風險定量

許多民眾不了解風險的定量分析。我們做的每件事均包含風險，每次出門均含風險，留在家也有風險（四分之一的致命意外發生於家中）。吃東西有風險，食物為罹癌與致病

的主要方式之一，但許多人仍吃得過量。讓民眾瞭解風險的最佳方式為比較某風險與民眾熟悉的風險[6]。

呼吸有風險，空氣污染每年導致十萬美國人死亡；氡氣與其衰變物質約讓一萬四千美國人死亡；至於感冒、麻疹、咳嗽等疾病主要是因為吸進病原，而導致不少死亡。職場有風險，美國一萬二千人死於工作崗位上，而約十倍人數死於職業相關疾病；但是不工作（沒工作）的風險更高；美國增加 1% 失業率會增加三萬多人死亡。運動有風險，沒足夠的運動也有風險。總之，風險為每人每天不可避免的事。

通常我們想到的風險為媒體傳播甚至鼓吹的，而其描述往往不符合實際的風險。減低風險的理性與邏輯作法，為將風險定量，並選擇風險較小的作法。簡單易解的定量風險方式為「預期生命損失」（loss of life expectancy），表示該風險導致的生命減少日數，其計算來自風險的機率與導致的死亡後果。

例如，在美國，每抽一隻菸，預期生命損失約十分鐘。體重每超重一英鎊，壽命少一個月。開車一英里或走過馬路的預期生命損失為 0.4 分鐘。在家的預期生命損失為九十五天，職場意外則為七十四天（礦工三百天、店員三十天、製

---

[6] 2009 年 10 月 29 日，媒體報導〈交通事故死亡率台灣第一？〉，美國在台協會台北辦事處處長司徒文以「吃美牛比在台騎機車安全」的比喻引發爭論，但世界主要先進國家道路交通事故，台灣的死亡率高居第一，每十萬人有 17.5 人死於道路交通事故，其中六成為機車事故，同樣名列第一。例如，在 2007 年，全台 2,573 人死於車禍，其中有 1,646 人為機車事故。到 2009 年 9 月底，台灣共有 1,440 萬輛摩托車，扣除未成年人口，幾乎平均一人就有一輛摩托車。

造與服務業為四十五天，核能產業二十四天）。失業一年者五百天。酗酒導致美國一年十萬人死亡，折合平均每人預期生命損失二百三十天。抽菸二千三百天。貧窮三千五百天。

5.1. 輻射不是致癌的重要因子

近海者壽命比住高處者壽命短幾年，這在癌症方面差距更大，但輻射曝露量與高度成正比，高處的岩石通常輻射量更高，高處的大氣更稀而少擋宇宙射線；這應顯示輻射不是致癌的重要因子。

媒體的宣染讓人以為大災難嚴重威脅我們，其實相反。颶風與龍捲風合計減少美國人預期生命損失一天；飛航意外也是一天。大火與爆炸（超過八人死亡）為 0.7 天，大規模化學品意外為 0.1 天。遭雷電擊斃為二十小時。三哩島事故二分鐘。被電擊斃五天。燃煤三十天、燃油四天、天然氣 2.5 天、太陽能一天、核能電力 0.04 天。

若以金錢方式表示，美國花費多少錢救助一條人命[7]？癌症篩檢七萬五千美元、高速公路安全十二萬美元、空氣污染控制一百萬美元、飲水中的天然輻射性五百萬美元、核能電廠安全二十五億美元。

---

[7] 在 1977 年，美國能源部處理軍方高放射性廢棄物，其放射性遠比民用核能電廠的低。能源部研究出二種處置方案，若依民用嚴格標準處理，需花費二十七億美元，若用另一方式只需五億美元。能源部估計第二種方式會導致最終八人死亡，因此，採用第一種方式，亦即多花二十二億美元；所以，每條人命二億七千萬美元。但是，若將此多出的二十二億美元拿來做癌症篩檢，則可救一萬條人命；換成加裝安全氣囊等公路安全措施，也可救類似數目人命；若用來安裝全國家用警報器，則可救二千條人命。

5.2. 預期生命損失

美國核子學會，曾經公布「預期生命損失」（loss of life expectancy，日數），宏觀比較人生各式風險，舉例如下。

表三：預期生命損失

抽菸 1,600 日
挖煤 1,100 日
超重（30 磅）900 日
建築工 320 日
開車 200 日
喝酒 130 日
自殺 95 日
他殺 90 日
火災 27 日
槍殺 11 日
所有核電（科學家關懷社會聯盟 Union of Concerned Scientists 估算）1.5 日
風災 1 日
空難 1 日
所有核電（美國核子管制委員會估算）0.03 日

根據勞委會資料，近年來我國每年重大職災，平均五百五十八件，死亡人數四百五十人，年年發生而民眾「不以為意」。

人們較可接受自願風險[8]，例如滑雪、賽車、爬山。反核

---

[8] 人類的認知與心態可造成極大影響，例如，執行九一一攻擊的中東自殺者，也是自願。

者急於指出核能發電為非自願風險，但是上述大部分的風險為非自願或至少部分為非自願的，例如，貧窮並非自願的、選擇職業往往和家教或環境或教育程度有關；開車可能因沒更佳的交通方式。許多人較願接受經常的小災難，而對少見大災難更恐慌，即使前者累積總量相當大於後者總量，但是這對前者多出的亡者實在無法交待[9]；媒體的宣染與不能宏觀地比較，是相當重要的（扭曲）原因。

　　宏觀人生風險而免偏頗或更陷泥沼的例子是日本三一一困境：核能電廠附近土地受到輻射污染固然是核電敗筆，但其肇因（大海嘯）同時導致兩大麻煩，一為海水淹沒許多土地而無法利用（耕種……），因鹽份太高；二為海嘯摧毀煉油與儲油設施而油污大片土地，也是難以利用；輻射劑量會隨時間而遞減，但鹽污與油污（化學污染）則更不易。

---

[9] 1998 年 2 月 20 日，媒體刊登文章〈車禍與飛安〉，指出四年來，航空事故死亡兩百多人，而車禍死亡一萬二千多人，為何政府重前者而輕後者？2 月 16 日華航墜毀，202 人罹難，總統指示查究真相、院長落淚重批華航、立委促交通部長下台負責。但同屬交通事故的車禍每年三千多件，受傷和死亡各三千人。航空災難若與車禍相比是小巫見大巫，但從未見政府首長為此講過什麼話，也未見議員要求哪位官員負責。1994～1997 年，四年間台灣共發生車禍 14,369 件，受傷 11,748 人，死亡 12,139 人。空難事件則死亡 228 人。車禍死亡人數是空難者的五十三倍。

六、 核能發電安全事宜

　　如上述，人生充滿風險，大多數人「且戰且走」，還是努力過一生。畢竟，福禍苦樂加總起來，還是值得走完一生。類似地，各式科技產物也非十全十美，優缺利弊加總起來，若相當值得，我們就繼續用，否則就淘汰。害怕核能發電者，往往高估其風險，更沒注意其他發電方式的風險。

1. 廠址安全性（耐震、抗海嘯）

　　我國核能電廠的廠址選擇（包括耐地震值），依照國際核能電廠地震工程技術規範，已將耐震及耐海嘯納入考量，包括曾發生最嚴重的地震及海嘯，資料如下表：

表一：核能電廠廠房地面層加速度值

廠別	核一廠	核二廠	核三廠	核四廠
基礎岩盤與地表高度差	14.8 公尺	16.2 公尺	11.3 公尺	26 公尺
基礎岩盤基準值	0.3 g	0.4 g	0.4 g	0.4 g
反應器廠房地面層加速度值	0.51 g	0.53 g	0.51 g	0.66 g
	均可耐規模 7 級之震度			

　　國內四座核能電廠之耐海嘯設計都根據所在地歷史曾發生最嚴重的海嘯作為安全防範參考，其設計參數如下表：

表二：各廠房高度與預估最高海嘯高度

	廠址高度	預估海嘯最高高度
核一廠	12 公尺	9.0 公尺
核二廠	12 公尺	10.3 公尺
核三廠	15 公尺	11 公尺
核四廠	12 公尺	8.6 公尺

　　除了考慮海嘯最大浪高可能對廠房造成的安全衝擊，核能電廠安全設計也要考慮海嘯消退後，海面潮位低於進水口高度，造成冷卻系統抽不到海水，危及爐心安全問題。因此在設計時，於進水口周圍規畫蓄水功能的「儲水池」，在潮水消退時，把海水蓄積在「儲水池」裡，可持續維持機組正常運作。該「儲水池」之儲水量足供安全設備持續運轉三十分鐘，比海嘯退潮期的二十五分鐘長；二十五分鐘過後海水再度湧入，可繼續提供設備運轉所需之冷卻水。

　　2007年7月16日日本新潟發生大地震後，台電公司對各核能廠周圍區域（陸域及海域）地質及地質活動再確認。經濟部地調所，將山腳斷層由樹林向北延伸至台北市北投區，長約13公里，再由北投向北延伸至新北市金山區，長約21公里，另參考地調所96年年度報告，山腳斷層似有向外海延伸約16.6公里。經台電公司委請學術機構進行初步評估，所得結果為：假設山腳斷層海陸域總長50.6公里同時破裂，核一、二廠廠房結構仍可安全無虞。

1.1. 擔心地震海嘯

如果台灣發生大地震，會有何後果？九二一大地震（芮氏規模7.3）是個實證，震源在南投集集鎮地下深度8.0公里，傳到各地的強度減小。各核能電廠區域，最受影響為核三地區測得0.17 g。

2011年4月30日，宜蘭縣東南5.5公里發生芮氏規模5.7之地震，台電核一廠廠房高層最大震度為0.0071 g，底層為0.003 g；核能二廠廠房高層為0.019 g，底層為0.0047 g，均不影響電廠。

我國核能電廠營運至今，仍以2006年12月26日恆春大地震（芮氏規模7.0，震源深度為44.1公里，位於巴士海峽海域，海嘯水位變動25公分）的影響最大。恆春大地震於核三廠（安全停機地震值是0.4 g，相當於規模8.3強震）的實際震度為該廠耐震設計加速度值的三分之一左右。各核能廠均裝設強震自動急停裝置，因此地震強度一旦超過設定之警戒值（約為耐震設計值的二分之一），反應器即會自動緊急停機。

恆春大地震後，核三廠並沒有發現重大設備損害的情形[1]，也沒有輻射外洩的問題。停機一天，就可以通過各項安全檢

---

[1] 地震發生時，在核三廠內的宿舍區感受到的強度也是非常劇烈，很多不值班的員工第一時間就往廠裡面衝，一心掛念的只是機組設備的安全。和一般「正常人」遇到強烈地震時往建築物外面衝的習性，真的不太一樣，更何況是一般人誤認是有危險的核能電廠。此外，二位前任廠長陳布燦與施弘基，在2006年同時榮獲核能界最高榮譽的「朱寶熙紀念獎」，這個獎就是頒給對核能安全文化極有貢獻的從業人員，核三廠這個團隊得獎真的是實至名歸。

查。可是因為核三廠停機一天，台電公司必須利用石油、煤炭、天然氣等其他替代能源來維持供電，就這麼一天，台電增加的發電成本就要新台幣三～四千萬元。

全台的九十六個水庫中，蓄水量高而下游人數多的十七個一級水庫，耐震能力可達六至七級。全台灣有兩萬多座橋梁，和建築物相同，橋梁的耐震設計大多為 0.23 g，可承受五級以上的地震（九二一地震嚴重毀損了二十幾座橋梁）。台北捷運防震係數 0.28 g，相當於六級地震。高鐵施工時正好遇上九二一地震，於是高鐵將防震係數增加到 0.4 g，可承受七級以上的地震。

1.2. 一再評估

台電委託成大水工所的《核能四廠最大可能海嘯及暴潮之評估》指出：「核四廠址可能最大海嘯溯上高度為 7.5 公尺，最低水位標高為-8.68 公尺，最低水位延時為二十分鐘。」為因應海嘯潮差，核四廠把所有廠房都設計在距海平面 12 公尺以上，其間至少有 4.5 公尺的安全餘裕。估計可安全抵禦相當於 8.2 級以上的地震。

2011 年 4 月 1 日，某媒體標題為「與日本分處不同板塊，且地質環境差異大，國科會表示，台灣不易發生規模 9 強震」，但另一媒體則為「台灣須防規模 8 強震，東北海域最危險，恐引發海嘯襲擊」；讀者可知各媒體的「立場」（或「心態」）。原來是國科會聲明，台灣斷層帶最長一百多公里，且地質環境差異性大，與日本處於不同板塊，不易有連

續的大破裂，造成像日本發生的規模 9.0 地震。台灣東部海岸陡降三千公尺縱深，如一座高牆，若海嘯從東部迎面而來，會自然被推往兩側，即向台灣的東北方及西南方跑，因此東部受海嘯直接襲擊的可能性低。但西海岸深度僅約六十公尺，西南地勢入海後緩降，海嘯若自西南方迎來，極可能順坡爬升後形成巨浪。東北方與西南方應列為海嘯防災、減災的重點區域。台灣本島要發生規模 8 以上地震機會很低，但東北方外海受到琉球海溝影響，則有可能出現規模 8 以上的地震。

1.3. 被核能恐慌牽著走，才是傷害所在

地震是人生的一部分。我國位處環太平洋地震帶上，近一、二十年統計，台灣平均每年約發生一萬八千五百次地震，其中約有一千次為有感地震。1901～2011 年計一百次災害性地震，最嚴重的是 1999 年九二一地震，導致二千四百一十五人死亡、二十九人失蹤；但對核能電廠無影響。

反核者要求我國核能電廠耐震力比照美國 Diablo Canyon 核能電廠的 0.75 g，或是 San Onofre 核能電廠的 0.67 g。耐震設計依各廠址實際需求而定，太高會浪費資源，太低則不安全。美國一百零三部機組中，也只又有上述兩部機組因地理位置特殊，才會有這般高的耐震設計，其他百餘部均在 0.1～0.2 g 之間。

反核者擔心強震傷及核能電廠而導致輻射傷亡，其實，強震更傷民宅建物、加油站等設施，所致傷亡才是我們關心的。日本三一一強震（導致海嘯）造成 15,560 人死亡、5,329

人失蹤，氣仙沼市一片火海[2]等嚴重摧殘，但核能電廠（已四十年）屹立不搖，至今沒有一人因輻射而亡（也未聞重大傷害證據）。民眾一直被核能恐慌牽著走，這才是傷害所在。

1.4. 外國個案

有兩個外國天災考驗的例子：一為 1992 年，美國佛羅里達州「火雞點」（Turkey Point）核能電廠經得起安德魯颶風（Hurricane Andrew，六十五人死亡）的考驗。其次，在 2004 年，印度卡爾帕卡姆（Kalpakkam）核能電廠安然度過南亞大海嘯（當地二百八十六人死亡；南亞十四國二十五萬人死亡）淹過該地。

2. 核能發電與核彈關係很遠

反核者視鈽為「魔鬼」的傑作，但其實千百年後能源靠它[3]。使用滋生反應器可「燃燒」鈾-238 與鈽，而產生更多鈽。因此，不像今天的核反應器只用到小於 1% 的鈾，滋生反應器可使用幾乎所有的鈾。海洋中有五十億噸鈾，足以供應全球能源幾百萬年。河流一直從岩石中溶解鈾，而流入海洋補充其鈾量。滋生反應器比今天的核反應器更安全，其一因

---

[2] 漁港油庫被海嘯沖毀，油料隨海水漫入市區，所到之處立即陷入火海，人口稠密市區十六平方公里全陷火海，火災範圍實在太大，無法救人，官方呼籲民眾自行逃生。

[3] 語言學家早川雪（Sam Hayakawa，曾任美國舊金山州立大學校長）說：「把閃電當作天怒時，我們只能禱告；但是將它歸類為電時，富蘭克林發明了避雷針。」同理，我們如何看待鈾鈽等核能原料？

為在「常壓」下運轉。

今天的廢棄物含有鈽（只有 0.5%），需要經過再處理，以便使用於滋生反應器。若不再處理而將今天的廢棄物掩埋，則人類將在幾十年內用盡所有的鈾礦；未來子孫將無法以滋生反應器產生能量。

另外，核能電廠已經產生許多用過燃料，苦於無處堆放，「再處理」即為疏濬方式之一。經過再處理後，真正的廢棄物剩下很少，掩埋將容易許多。

反對再處理的主力來自反核者，他們體認要停掉今天的核反應器已經來不及，但是若可擋住再處理，核能發電即無未來。不過反對最劇烈的是擔心核彈者，以為再處理會衍生核武擴散；其實誤解。

2.1. 原子彈原料來自何處？

原子彈燃料有二種，一是鈾-235（天然鈾礦只含不到 1%，需經「同位素分離」以便濃縮），二是鈽（從鈾反應器中經過再處理濃縮）。鈽彈的原理包括二階段，首先是「內爆」，以化學炸藥將鈽壓縮，接著產生中子（引發連鎖反應）的「爆炸」；所有程序必須精準地在百萬分之一秒內完成。例如，若爆炸早於內爆完成前，則鈽彈威力大大減低（因此，防衛鈽彈的一法為使用中子在其內爆前作用而使該彈失效）。

鈽燃料（鈽-239）來自核反應器中的鈾-238，但是若鈽-239留存在反應器中太久，它會變為鈽-240（會產生太多中子而使鈽彈失效，不適合當核彈原料）。在美國，燃料在核

反應器中通常放三年，結果，鈽-240 偏多。因此，「反應器級」鈽的威力差，又不可靠，也難以設計和製造。

　　相反地，「武器級」鈽來自核反應器中三十天內即「取貨」。若想從美式核反應器中三十天內拿出鈽，則非常不切實際，因為移開燃料需要三十天停機，並且緊密形狀核燃料的製作（為高溫高壓反應條件）相當昂貴。務實的作法是另建「產生鈽的反應器」，其架構「方便與迅速」遷移燃料，因此為攤開形狀，燃料製作費便宜，因為常壓低溫下反應，使用天然鈾（而非核電用的昂貴濃縮鈾），產生的鈽量也更高（四倍）。產生鈽的反應器的建造費用只有核電廠的十分之一，也可更快速完工。除了前蘇聯（例如車諾比），所有的核武鈽均這樣生產。另一生產鈽的方式為使用研究反應器（醫農工輻射應用），其設計有相當彈性與空間，不難用來生產鈽。

　　目前的核能電廠在高溫高壓下運轉，需要產生與處理蒸氣與電，因此體積龐大、相當複雜；只有少數幾個國家有此能力建造；世界組織也容易介入檢查（有沒轉移誤用鈽？）。至於生產與研究反應器，則體積較小與容易隱蔽，無高溫高壓蒸氣與電力設備，又不必受外界檢查。可知，要建造核彈者實在不會走核能電廠的方式生產鈽。因此，核能電廠與核武（擴散）之間的連結實在遐想遠多於實務，我國反核者不明究理而受外國反核者誤導（「盲人騎瞎馬」），　再放話反核，實在虧欠「科技」與社會太多。

2.2. 誇大「鈽」之害[④]

鈽的毒性類似神經毒氣，但有許多生物毒物比鈽更強烈，例如肉毒桿菌毒素與炭疽孢子的毒性更毒千百倍。若要在某空間中殺害多人，使用毒氣比鈽有效多多，因為毒氣一下子就充滿空間，並且屍體遍地；鈽為固體物質，一釋放就不易飄浮，而其危害效應至少至少十年後才會出現。並無直接或流行病學證據顯示，鈽的毒性曾在全世界導致任一人死亡。若要論人類已製造的毒物，每年我們製造的氯氣足以殺害四百兆人、光氣（phosgene）足以殺害十八兆人、氨氣與氰化氫各足以殺死六兆人。

鈽的長半衰期使它更不危險（而非更不安全），因為每個放射性原子只能發射出某個量的輻射，所以，若其半數在二十五年內如此發射，則其量比分攤為二萬五千年（鈽的半衰期）發射的強一千倍。

3. 防禦恐怖攻擊

關於飛彈攻擊核電廠，美國桑地亞國家實驗室（Sandia National Lab）曾以滿載火藥燃油的 F-4 戰機，超高速撞向圍阻體外牆（Discovery 頻道曾播放），結果毫髮無傷！若使用飛彈攻擊，為什麼不丟在更具有戰略或戰術價值的目標呢？

[④] 美國反科學名嘴納德（Ralph Nader）宣稱鈽為「人類所知最毒物質」（一英鎊鈽殺死八十億人），美國工程院院士科恩回應「納德吃下多少咖啡因，科恩就吃下多少鈽」；納德不敢再吭聲。

與其丟在人煙稀少的核電廠，遠不如丟在台北或高雄大都會。

反核者那麼擔心恐怖攻擊的話，天然氣儲槽、輕油裂解廠等其他能源設施，不只不堪一擊，而且後果不堪設想，其烈焰與傷亡將難以估計。

如果殺害大量人數為恐怖組織的目標，則偷竊鈽與建造核彈的技術和費用均高昂，移動與投射也麻煩，值得嗎？其實更便宜與方便快速的方式不少，例如，在大廈通風系統中釋放毒氣[5]、破壞大型體育館（場）結構支柱、在人多場所投放汽油彈、炸壞水壩淹死下游市民、自來水系統中放毒等。

關於恐怖攻擊的顧慮，在 2001 年的美國九一一事件後，反核者又提以飛機撞擊核電廠而導致輻射外洩。許多研究探討此事，結論是核能反應器比任何其他民用設施更耐得住此種攻擊。其中，美國電力研究所（EPRI）在能源部資助下所做的研究顯示，以加滿油的波音 767-400 客機使用全速（每小時 560 公里）衝擊，美國反應器結構「堅固、不受大型民航機破壞」。其他研究也確認此結論。例如，1988 年，美國山迪亞國家實驗室（Sandia National Laboratories）實驗發現，噴射客機以時速 765 公里撞擊，約 96%撞擊能傷到飛機，而鋼筋水泥的最大穿透約 6 公分（遠低於圍阻體厚度）。倒是美國核管會規定核電廠增加設置障礙、防彈安全室等。

---

[5] 1995 年 3 月 20 日，日本奧姆真理教徒在東京地鐵站施放沙林毒氣，造成五千五百多人受傷，十多人死亡的慘劇。

4. 核能電廠沒增鄰近致癌率

　　臺灣的年平均天然輻射約為 2 毫西弗。民眾所接受的輻射，天然輻射約占 66%，人造輻射約占 34%（其中醫療占 33%）。

　　依據歷年環境輻射偵測結果顯示，核能電廠可能造成之廠外最大個人劑量遠比法規限值為低，且不及台灣地區自然背景輻射之百分之一，故電廠的運轉對附近居民健康應不致有任何不利影響[6]。又依衛生署於 1993 年之研發計畫「北部核能電廠附近居民疾病死亡率之研究」，由榮總執行，探討北部二座核能電廠對附近居民疾病與癌症死亡率的影響，未發現異常。原能會於 1997 年發表，為期四年（由台大與高醫執行）之「核子設施健康效應調查」，並未顯示異常。

　　2003 年，環境輻射監測結果，台電公司第二核能發電廠造成廠外民眾全年最大個人全身輻射劑量為 0.1636 微西弗（年限值為 60 微西弗）、造成廠外民眾全年最大個人全身輻射劑量為 0.4884 微西弗（年限值 100 微西弗）。第三核能發電廠造成廠外民眾全年最大個人全身輻射劑量為 0.1275 微西弗。

---

[6] 天然輻射劑量多於人為的，但天然輻射不是人類遺傳疾病的主因（那是自發突變）。我國民眾一生中有 25% 機率罹癌（或說每百人中有二十五人罹癌）。癌症的分佈不一定平均；反核者不解統計的道理，而常誤導民眾，例如，努力找的話，總可找到核電廠附近癌率較高的樣本，但他們不會一樣努力地找出罹癌率較低的樣本，更不會提報此樣本。宣稱核電廠地區罹癌率較高時，也應檢視「未設廠前的情況、鄰近環境相似地區的情況」等，也應檢視該地居民的組成。因為設廠地區往往偏遠與較窮困，因此可能「本就」與全國平均值不同。

4.1. 瑞士：兒童癌症與核電廠無關

2011 年 7 月，瑞士涵蓋國內一百三十萬名孩童的全國性研究指出，並無證據顯示核電廠附近出生的孩童，癌症風險會提高。這項研究是由瑞士聯邦公共衛生處和瑞士癌症聯盟，委託伯恩大學社會與預防醫藥研究中心進行，主題為兒童癌症與瑞士核電廠之關聯性。計畫執行期間為 2008 年 9 月到 2010 年 12 月，研究結果登在《國際流行病學期刊》（International Journal of Epidemiology）上。

研究結論指出，核電廠 5 公里內與核電廠 15 公里外的對照組，癌症風險近似，在此次全國性研究各項分析中，均無法看出在核電廠附近居住，兒童的癌症風險，有明顯提高或是減少的情形。

瑞士境內有五部反應器，瑞士 1% 的人口居住在核電廠 5 公里內；10% 在 15 公里內。瑞士核電廠鄰近地區的放射性廢棄物排放，定期受政府監控，監測結果由聯邦公共衛生處輻射防護組公布。「瑞士核電廠鄰近地區因排放導致的曝露量，每年在 0.01 毫西弗以下，」伯恩大學表示，「這樣的劑量少於瑞士居民每年主要來自氡氣、宇宙及地表射線和醫療曝露平均曝露量的五百分之一。」

4.2. 美國能源部長：我寧願住在核電廠附近

1990 年，美國國家癌症研究所發表報告，探討六十二個主要核子設施附近居民健康，這是史上最大規模的研究，結

論為並無增加致癌風險。有個「輻射與公衛計畫」（Radiation and Public Health Project）的研究宣稱，核電廠附近的嬰兒牙齒鍶-90含量較高，但是，美國國家衛生研究院、美國國家癌症研究所、美國核能管制委員會（Nuclear Regulatory Commission）、美國癌症學會等駁斥或質疑[7]。

1990年，美國國會請國家癌症研究所調查1950～1984年間核能電廠附近居民的健康，結論是沒影響。2000年，匹茲堡大學研究結論是，三哩島核能電廠5英里內的居民並無較高罹癌率。2000年，伊利諾公衛局聲明核能電廠所在地的郡並無兒童癌症個案統計異常現象。2001年，康涅狄格州科學院確認其洋基核能電廠釋出的輻射劑量是可忽略的。2001年，佛羅里達州環境流行病學局聲明該州核能電廠並沒導致更多罹癌率。

美國國家安全委員會（National Safety Council）聲明，住在核能電廠50英里以內，每年受到額外輻射劑量0.0001毫西弗，但在燃煤電廠50英里內的額外輻射劑量為三倍（0.0003毫西弗）。

根據2007年《科學美國人》（Scientific American）專文，美國國家橡嶺實驗室在《科學》期刊發表的文章，產生同樣電力時，比較每年釋出的放射性，一般燃煤電廠（的煤灰）比核電廠多一百倍以上（視集塵器效率而定，但其量還

---

[7] 在2000年出版《廢止核四評估─民進黨立院黨團環境政策小組》報告中提到，2000年美國《環境公衛學與毒物學》期刊有文指出，在核電廠下風80公里範圍內，嬰兒癌症等與核電廠排放輻射物質有十分密切關聯。反核者找的這一篇文章，經得起嚴謹科學驗證嗎？

是比自然背景輻射小二百倍），因為煤或天然氣都有相當成分的放射性鐳、釷、鉀、鈾，因燃燒而濃縮。

美國國家科學院與美國醫學學會等專業組織，均聲明「燃煤電廠比核能電廠更危險」。

2009 年 9 月 21 日，美國核能協會執行長費妥（Marvin Fertel）在美國《波士頓環球報》（The Boston Globe）刊登〈核能需為能源的一部分〉（Nuclear must be part of energy equation），提到美國能源部長朱棣文在接受國家公共廣播（National Public Radio）訪問時表示，他寧願住在核電廠附近，也不要住在火力電廠旁邊。

英國皇家科學院院士史畢格哈特（David Spiegelhalter，統計學家）為劍橋大學的「民眾理解風險」教授，他研究個人

英國皇家科學院院士史畢格哈特（David Spiegelhalter，統計學家）

與社會中的風險與不確定性。2011 年 3 月底的福島事故後，他回覆《新科學家》（New Scientist），願意住在核能電廠旁邊。相較於地震海嘯的巨大摧殘與傷害（兩萬人死亡與失蹤），他不認為福島核能電廠釋放輻射是個「災難」，其威脅有限，而且能夠相當地量化其風險。

4.3. 英國、德國、日本

2000 年，英國能源（British Energy）公司，公布了一項針對四萬八千名核電員工子女，長達三十五年的研究報告，結論明確指出：「電廠員工子女在白血病或其他癌症發生率上，根本沒有增加。」

2007 年 12 月，德國有個「KiKK 研究」發表，宣稱核能電廠附近的罹癌率稍高，但是英國「環境輻射醫學委員會」（Committee on Medical Aspects of Radiation in the Environment，COMARE）在 2011 年發表整合德國該研究與英國各核能電廠的研究，結論是無異常現象，而指出德國研究受到不正確選擇控制組與社經因素所致。

日本文部科學省曾委託放射線影響協會對核電廠附近民眾癌症罹患率進行多次大規模調查，並未發現有任何異常狀況。

5. 秘雕魚（畸形魚）

1993 年 7 月下旬，新北市金山鄉環保人士於核二廠溫排水口附近捕獲畸形幼魚，因其外形有明顯之脊背隆起，看來好像布袋戲裡的駝背怪客「祕雕」，某環保組織戲稱為「祕雕魚」，經媒體聳動報導後即聞名遐邇。

遺傳或後天環境均可使魚類畸形，在自然狀況下，畸形魚常屬弱勢，容易被淘汰，故不易發現。反之在人工繁殖下，若環境控制不良，發生大量畸形例子就較常見。

上為正常魚，下為秘雕魚（畸形魚）

一些環保與反核人士強烈質疑輻射造成畸形魚，當時行政院院長指示環保署成立「畸形魚原因鑑定小組」，一年內（1994年1～12月）找出真正原因。該小組下分物理組（邵廣昭）、化學組（陳弘成）、輻射組（歐陽敏盛）、環境生態組（廖一久）、形態組（曾萬年）等。

中研院動物所邵廣昭綜整說明，下列證據證明秘雕魚由水溫偏高造成[8]：

(1)畸形魚染色體數目與正常魚完全相同，應與輻射無關。將魚苗照射高劑量輻射後仍無法得到畸形魚。出水口無法檢測出輻射或重金屬污染。

(2)目前只有水溫可從室內重現與現場捕獲形態完全相同之畸形魚（約10公分體長），即將1公分左右之正常魚苗置入37℃以上之高溫中飼養，二週以上即全長成畸形魚，36℃時則約一半。

(3)畸形魚放回常溫中養，椎彎即會逐漸恢復正常，魚體

---

⑧ 2007年夏季，屏東縣墾丁地區（南灣）珊瑚發生整體白化事件，主因是泥沙沈積、有機污染、遊客破壞，當年該海域水溫較往年偏高也是原因。美國海洋暨大氣總署的珊瑚礁早期預警系統監測結果，2007年全球海域水溫偏高。

愈小，成長愈快時回復愈佳。若是輻射所致，則已椎彎的個體應該不會恢復。

⑷人工魚缸放核二廠出水口海水與底泥，只有37℃時魚才會畸形。此缸水自然冷卻到 35℃以下，魚就不畸形。

⑸高溫使魚體內維生素 C 破壞或不足，導致膠原蛋白羥脯氨酸量不足，魚骨與肉成長不正常與不協調而畸形。添加高量維生素 C 於食餌後，則即使水溫高達 36℃，魚也不會畸形。

⑹核二廠附近畸形魚，始終只分布在高水溫之出水口內及堤防邊的有限範圍，表示其畸形係因後天短期（一週以上）生活在高溫水域所致。若因輻射則其分佈應隨海流分布到核二廠以外較廣泛的其他水域。

⑺連續五年均在水溫高之夏季（6～9 月）出現，當地背景水溫平均 27℃以上，加上核二廠出入水口溫差 10～12℃，故出水口之溫度已高達 37℃以上，已達形成畸形魚之條件。10 月海水背景溫度降低後，則無畸形魚苗。若非水溫而是輻射所致，則畸形魚應不會這麼巧每年均在夏天呈季節性出現。

⑻目前電廠中，只有核二廠進出水口溫差最大（10～12℃以上），其餘核能或火力電廠均較低（7～8℃）；此 3～5℃差異造成只有核二廠出水口存在秘雕魚的關鍵。

5.1. 繼續爭議與說明

一些環保人士繼續質疑「核二廠出水口改善工程已完成，溫度應降低，但仍發生秘雕魚，故其成因應非溫度，而是輻射」？

其實此一改善工程，並非是為解決 1993 年發現秘雕魚事件而作，而是早在 1987 年時，台電為符合環保署制訂「放流水標準」（出水口外 500 公尺處水溫不得超過背景水溫加 4℃）而定案。但在出水口近域（50 公尺內）水溫沒變；排水口改善工程與秘雕魚其實並無關連。

出水口附近畸形魚只有花身雞魚及豆仔魚兩種，但還有雀鯛、笛鯛、銀漢魚、金錢魚、雙邊魚、鑽嘴魚等近二十種其他魚，也生活在這高溫的水域中，卻均正常而無畸形。

自然界本有極少數畸形魚存在，環保者在市場買到的赤鯮和在外海捕獲紅魽畸形魚，均為外海的自然偶發畸形現象。如果是人為污染所致，則應以沿岸定棲性魚種為主，而非外海洄游魚種；且需大量發生，如果只少數一兩尾畸形，則是自然界的現象。1970 年代前，文獻中即有超過一兩千篇海水畸形魚報告，後來因太常見而不再被期刊接受。

反核者強調核電廠出水口為生態死海，但實際上，存在豆仔魚、花身雞魚、雀鯛、虱目魚、青旗（鱵）、烏仔魚等二十種以上，使核二廠出水口區成為北海岸最熱門的釣場，

5.2. 偏逢「輻射屋」恐慌時

　　祕雕魚事件時，「輻射屋」事件正弄得民心惶惶，而主管單位提供的監測資料又有些瑕疵，使環保與反核者更質疑。另外，一些媒體斷章取義，又未經查證即誇大與偏頗地報導，誤導民眾而產生無謂的恐慌。

6. 輻射屋

　　1982 年，台電核一廠購入的鋼筋，通過大門時使得輻射偵測器響；原能會查出為輻射鋼筋，另有輻射鋼筋流入正在興建的某銀行宿舍的工地。經協商後，由營造廠、鐵工廠與鋼鐵公司共同出資拆除具有輻射鋼筋的樓層，而此事也被當成特例奇聞事件處置。1985年，台北市民生別墅某牙科診所申請安裝 X 光機，原能會派人檢測時 X 光機尚未通電，就有強烈的輻射現象，經偵測後發現輻射乃是從建築物的牆柱放出。原能會以屏蔽加鉛板方式結案。1992 年，台電員工將

民生別墅（輻射屋）

挖掘輻射鋼筋並抽換

輻射偵測儀器帶回宿舍家，卻意外發現家中有輻射。新聞披露後，媒體又報導北市龍江路民生別墅社區大樓也發現輻射鋼筋，結果共有四十二戶輻射屋。

原能會經由陸續發現輻射屋案例，交叉分析建商、興建年分及地區等資料，確認輻射屋的興建時間約 1983 年間，經各縣市政府提供 1982～1984 年計四十八萬餘筆興建資料，規畫全國建築物輻射普查，對民宅住家、學校校舍、公共建物及偵測車巡迴市區多項普查作業，統計受到輻射污染的建築物有 189 起，輻射屋共 1,661 戶，分布於基隆市、台北市、新北市、桃園縣。個人劑量分三類：11%為高劑量（大於每年 15 毫西弗）、9%為中劑量（每年 5～15 毫西弗）、80%為低劑量（每年 1～5 毫西弗）。

輻射鋼筋可能成因[9]有二：(1)煉鋼廠煉鐵過程中使用含鈷-60 儀器照射鐵爐，以確定鐵熔液的高度，而裝鈷-60 的容器可能因為疏於保養而在煉鐵廠潮濕高溫的環境下銹蝕破損；鈷直接掉入爐中被煉成鋼鐵。(2)含放射性元素的儀器被當成廢五金處理，過程中業者沒有檢驗，最後直接進入回收廠而

---

[9] 輻射鋼筋（與輻射屋）的原因和台灣的核能發電沒關係，但反核者卻硬要栽贓。例如，W 教授於大作〈核四興廢之建言：在台灣使用核能的健康風險〉文中，即認為由於輻射廢料處理不當，原能會又掩蓋起來不讓民眾知道，以致產生 1600 戶的輻射鋼筋屋。在 2000 年出版《廢止核四評估—民進黨立院黨團環境政策小組》報告（W 教授也是作者之一）中提到，「雖然沒有直接的證據顯示這些輻射鋼筋來自核電廠，但以其輻射劑量之高，總難免令人有此聯想。」這也是胡亂影射。2011 年 9 月 27 日，高雄地區遺失一台放射線照相儀器，內有鉛屏蔽體保護，但拾獲民眾若不知而拆解儀器，就可能受到輻射。2007 年也曾有同樣儀器被竊，最後在廢鋼鐵廠找到。

後進入煉鋼廠[10]。

　　凡建築物經偵測確定是輻射屋後，原能會即評估居民所受輻射劑量。根據 1994 年公布的「放射性污染建築物事件防範及處理辦法」，對於任何一年接受輻射劑量 5 毫西弗以上者，原能會均函知所有權人居家防護方法、提供建物改善輻防技術協助、申請救濟金、申請輻射屋改善工程補助費、減免房屋稅、收購輻射屋（僅 15 毫西弗以上者）等善後措施；輻射屋居民任一年接受 5 毫西弗以上劑量者，原能會並提供居民免費健康檢查及後續長期追蹤[11]。

　　1995 年後，原能會採行防範措施，對於施工中建築物所

---

[10] 2012 年 1 月 1 日，某旅日作家在媒體表示，台電和原能會……曾容許高濃度輻射污染的鋼筋、冷凝銅管、長期被曝器材等轉賣及任意掩埋，導致整個台灣嚴重的輻射污染。核電廠或核研所拆卸後的大量輻射鋼筋、輻射重砂、輻射水等，流到市場及溪河（如曾掩埋在大漢溪）裡，變成鋼筋、水泥等，甚至在自來水裡，台灣人「身在輻中不知輻」，不知道自己生活在高輻射污染環境中。

[11] 2000 年 7 月 7 日，於「核四再評估會議」中，反核的 C 教授宣稱「住在輻射鋼筋建物中，導致甲狀腺癌的機會為一般國人的六倍」等傷害，原能會主委夏德鈺澄清：1996 年，衛生署曾邀請中華民國公共衛生協會等單位，判讀其居民健檢結果，認為並不能現在就下結論確定曝露在輻射之下與癌症間的關係，而該判讀會議的結論是「目前仍未發現對健康有重大危害」。
C 教授又宣稱「很多的證據顯示是從台電 1983 年時大量販售污染鋼筋給桃園的欣榮鋼鐵廠 604 噸」。曾任職美國核管會的廖本達表示，1983 年，台電曾問廖本達是否需要更換核能電廠循環水路的管子，廖本達回覆說，當時美國只有二個廠換管子，台電還不必換。輻射鋼筋受害者協會理事長王玉麟與廖本達的岳父是親戚，1995 年，廖本達回台後，王玉麟來問廖本達輻射鋼筋事宜。後來查清，台電賣出的那 604 噸鋼管來自林口火力發電廠，沒有輻射。
如前述，法國國家科學院指出，低劑量時呈現有利的健康效應，但美國國家科學院與聯合國原子輻射效應科學委員會則認為劑量再低也有風險。台灣輻射屋的效應也分對立的兩派，分在國際期刊為文，一派是〈慢性輻射有效預防癌症？〉，另一派〈輻射屋內長期低劑量率加馬輻射曝露的癌症風險〉（作者為反核的 C 教授等人）。

用鋼筋或鋼骨，應依建築法規定指定承造人會同監造人提出無放射性污染證明。同時輔導國內設有熔煉爐的十九家鋼鐵廠設置輻射偵檢器，要求各鋼鐵廠確保進出鋼筋無輻射污染。

7. 蘭嶼貯存場

新莊瓊林路輻射屋原樣

新莊瓊林路輻射鋼筋回收

新莊瓊林路輻射屋重建新風貌

1972 年，為存放國內日增的低放射性廢棄物，原能會找清大、核能研究所、台電公司等的專家學者，就全國廢棄礦坑或坑道、高山、無人島嶼及各離島等地點逐一檢討評估後，決定先採離島暫時貯存。蘭嶼龍門地區當時具有諸多優點：(1)三面環山與一面向海而地形封閉。(2)該地區 5 公里內無人居住。(3)面積達一平方公里以上符合投資效益。(4)全程可採海上運輸安全可靠。

1978 年起興建，計有二十三座貯存壕溝，可存放 98,112 桶低放射性廢棄物。蘭嶼貯存場自 1982 年開始接收作業，1996 年停止接收，總計貯存

97,672 桶，其中一成來自全國醫農工學研等、九成來自台電核能電廠（衣物、過濾殘渣、用過樹脂等）；以水泥或柏油固化後密封於 55 加侖的鋼桶內。

7.1. 儲存場的能耐

蘭嶼儲存場根據核管會法規設計，以深厚的鋼筋混凝土窖作為基礎建築，將廢料桶置於其中，再襯以有極佳吸水阻絕與核種吸附能力的黏土族礦物（膨潤土、沸石、高嶺土等），封上厚重的混凝土上蓋，再回填 1-2 公尺厚的黏土。低強度廢料中，衰變期最長的核種是銫-137，每隔三十年其輻射強度就變成原來的二分之一。所以通常設計以保存廢料三百年為基準，此時，銫-137 的強度只剩原來的千分之一。至於低強度廢料中最主要的鈷-60，只有原來強度的三百億分之一。

貯存壕溝結構體係採鋼筋混凝土建造，依據核能研究所1984 年「蘭嶼貯存場安全評估報告」，即使強烈地震導致壕溝毀壞，放射性物質外釋進入環境，居民所受之體內與體外輻射劑量，經評估計算後僅為每年 0.0024 毫西弗，遠低於民眾安全劑量 1 毫西弗。

建造貯存場前，原能會即委託中山大學等調查生態（水文、水質化學、放射性物質等）。在環境監測方面，蘭嶼全島設有五十四個偵測站。原能會輻射偵測中心定期採取蘭嶼水樣、土壤、岸沙、農畜產物與海產物等試樣，分析各放射性核種。結果，輻射劑量率每小時 0.026～0.038 微西弗，均在

環境背景變動範圍內。另外,在全國設置三十四座輻射自動監測站,全天候二十四小時自動化監測環境輻射量。長期居住在貯存場內的台電員工,依法每年辦理核能體檢,均未發現有任何輻射傷害。

7.2. 「抱著廢棄物桶睡覺的人」

蘭嶼貯存場有個管理員廖天淙,他在 1970 年到蘭嶼貯存場安裝吊車。1982 年貯存場完工開始營運,他通過甄試成為管理員。他住的宿舍,距離貯存壕溝 15 公尺,被戲稱為「抱著廢棄物桶睡覺的人」,他總笑稱自己是活標本。親友擔心貯存場輻射傷身時,他就回應「睡床上最危險」,因為九成的人都死在床上。

媒體報導,二十多年來,他身心健康,還栽培植物、繁殖動物,其情景可說是「草木茂盛、六畜興旺」。

7.3. 各式猜測與歸罪

2001 年 5 月 7 日,媒體報導蘭嶼居民說,島上罹患癌症死亡的人數,以及弱智兒童,均有增加的傾向,極可能是核能廢料處理不當所引起的。環保聯盟也表示,曾委託過陽明大學的公共衛生專家和國際綠色和平組織,檢驗蘭嶼附近的海域,發現有輻射現象。其實,原能會曾委託高雄醫學院,檢查居民的輻射程度,結果沒任何異狀。衛生署資料顯示,1991~1998 年間,蘭嶼地區之民眾因癌症死亡之人數統計並無顯著變化[12]。

文建會《台灣大百科全書》的條目「達悟族反核運動」，是 2006 年 5 月 30 日刊登：……1977 年，按照此一所謂的「蘭嶼計畫」，台電開始進行施工；1982 年，當時的經濟部長趙耀東親自押運首批廢棄物前往蘭嶼。……1988 年，達悟人在青年神職工作者等人的領導下前往核廢處理場示威抗爭。……1991 年，反核廢運動再起，以部族長老為首，達悟人身穿傳統戰服，要驅逐廢棄物的「惡靈」。……1995 年蘭嶼達悟人成立「蘭嶼民族議會」，由鄉長領軍進行抗爭請願。……2002 年，行政院長游錫堃踏上蘭嶼土地，聆聽反核人士聲音。……達悟民族的生存環境依然處在嚴重的威脅之中。

其實，該環境沒受威脅，蘭嶼民眾只是受到誤導；宏觀來看，只是一齣鬧劇。當時反核的執政黨卻帶頭「缺乏科學證據地」附和傳言。

2010 年 1 月 5 日，台東立委補選前，媒體問候選人對廢棄物的意見，洪候選人答：「台東是台灣最後一塊淨土，廢棄物最終處置場勢必造成台東生態重大浩劫，台電以高額補償金利誘地方民眾，但一時利益可能影響一生」。黃候選人表示，其阻止廢棄物強行進入台東的企圖，在立法院堅持「廢棄物選址條例」中增設地方公投機制，就是證明。

這些民代不解輻射科學，不顧科學證據而討好民意，其發言加深誤導與恐慌，至於「邀功」則更不可取。

---

⑫ 有人提議，蘭嶼民眾不應擔心輻射，可將貯存場視為「金雞母」，而非「妖魔」；亦即，將政府的補助金妥善地運用在地方基本建設上。

2010 年 3 月 13 日，公視新聞提到「台電信誓旦旦保證以目前的貯存技術，百分之百安全」，這是「稻草人戰術」，亦即，設立容易攻擊的對象（保證百分之百安全）。又說「廢棄物卻因為具有放射性，成為難解的問題」，通常立場客觀而孚人望的公視這麼偏頗的報導，實在令人遺憾，因為這些貯存桶的輻射劑量均在自然背景輻射之下；這麼無害的東西怎會被描繪成毒物呢？

　　2011 年 6 月 28 日，我國一些環保反核者邀請日本綠黨前召集人渡邊智子到台東南田村，聲援當地村民反核。渡邊表示，台電利誘村民興建廢棄物最終處置場，卻不願說明可能造成的危害；南田核廢最終處置場址地質非常脆弱，一旦發生地震，災害難料，她的用語「利誘」只是「陷人於不義」的觀點，現實情況是民眾要求，各國均有「回饋金」作法，並非我國獨創。但她「目視」後就說地質非常脆弱，只是自暴其短，因為台電已找專業單位鑽探調查，場址周邊地層與水文條件均適合。我國環保者為何「挾（東）洋自重」而打擊國人？

7.4. 又來了

　　2011 年 11 月 30 日，媒體報導，中研院地科所某研究員偵測到蘭嶼廢棄物貯存場外圍有人工核種鈷-60 與銫-137，反核的北醫人 C 教授表示，「雖然偵測到的數據低於原能會管制標準，但原能會的管制標準頗為寬鬆，常引起爭議，而且部分廠區樣本銫-137 的數值比蘭嶼背景值高出十～二十倍，

這跟日本福島10～20公里範圍的污染情形差不多，當時日本人都緊急疏散。而且即使未超標，輻射外洩也是不爭的事實」。達悟同鄉會成員接腔說，廢棄物輻射外洩是蘭嶼人三十多年來揮之不去的陰影，近年癌症已高居蘭嶼居民死亡原因之首。

第三核能發電廠及蘭嶼貯存場
附近海域之生態調查
契約編號：TPC－061－100－02303

100 年期中調查報告
（定稿本）

委託單位：臺灣電力股份有限公司
執行單位：國立中山大學
中　華　民　國　100　年 9 月

由此報告瞭解貯存場無傷蘭嶼

　　但實情是，該員採集的樣本是底泥（不是海砂），那是人類過去幾十年來多次的核爆影響，底泥會持續吸收銫-137，因此，會隨著變動。蘭嶼銫-137 的自然背景值為5～67 貝克，實測值（每公斤 33 貝克）在其範圍內。銫-137的管制標準為每公斤 740 貝克，實測值約為其 4%。至於鈷-60的實測值（每公斤 6.5 貝克）為管制標準（每公斤 110 貝克）的 6%。指責「外洩」，實在是「欲加之罪何患無辭」？至於導致癌症，其劑量只有原能會對該廠要求規範（0.25 毫西弗）的 0.3%，或是國家規範（1 毫西弗）的 0.07%，不可能致癌；可知將「近年癌症已高居蘭嶼居民死亡原因之首」怪罪於廢棄物只是隨便無的放矢。反核的 C 教授罔顧科學證據，誤導民眾恐慌，違反科學倫理；不知他在大學裡怎麼傳道、授業、解惑呢？

8. 放射性廢棄物

　　持續地，反核者放話放射性廢棄物傷人、媒體樂意「配合演出」地刊登該慫動論調，民眾因而一直關注此廢棄物，不知宏觀比較各式廢棄物的風險。

8.1. 放射性廢棄物量遠少於其他有毒廢棄物量

　　英國的統計顯示，放射性廢棄物的產生量（約 1%）遠低於其他工業設施所產生之有毒廢棄物（約 99%）[13]；其中高放射性廢棄物的產生量只占全部放射性廢棄物總量的 4%。

　　放射性廢棄物的產量較少，且其所釋出的輻射較易監測，再加上其危害的程度會隨時間衰減的特性，因此放射性廢棄物的處理與管制，較其他有害廢棄物為容易。

　　根據立法院 2003 年永續會報告，我國廢棄物年產量為「有害廢棄物 162 萬公噸、一般事業廢棄物 3990 萬公噸」，而環保署管控的量為「有害廢棄物 95 萬公噸、一般事業廢棄物 867 萬公噸」，其餘去向不明。廢棄物經焚化產生底灰 173 萬公噸、灰渣 216 萬公噸，含高比例重金屬與戴奧辛，均可能污染環境（包括地下水）。2007 年 2 月，根據環保署統計，台灣每年乾電池產生量 1 萬噸，1999 年起回收各類廢乾電池，但 2001 年起的回收率約 10%，其餘進入焚化爐或掩埋場。乾電池含汞、鎘、鉛、錳、鋅等重金屬，曾污染環境與傷人等。

---

[13] 2011 年 11 月，《天下》雜誌 484 期報導，二仁溪因焚燒廢電纜，而讓河道及沿岸土壤，備受戴奧辛污染。台灣每年產生的廢棄物中，有害重金屬約 100 萬噸、一般廢棄物約 1,600 萬噸。台灣有八百多處列管的污染土地。

至於其他污染源，也許汽機車是個「範例」：2007 年 5
月，國內機動車數量去年首度突破二千萬輛，某基金會估計，
全台一年的廢機油產生量超過 20 萬公秉，而環保署公告回收
處理量比例甚低。一台機車每行駛一公里的廢氣排放量，是
一輛汽車的三～四倍；機車排氣管排放的廢氣含有一氧化碳、
碳氫化物、氮氧化物等有害氣體，傷害民眾呼吸系統等。

　　總之，我國每年大量非放射性廢棄物污染環境與人體，
但媒體與民眾關切與緊張的程度實在遠遠不如對放射性廢棄
物的，但前者一直大量傷害環境與人體健康，後者量少且在
嚴格管控中。

8.2. 入土為安：核廢棄物歸宿

　　我國電力人人用，但產生的核廢棄物卻人人避之惟恐不
及，而成互踢皮球；為何民眾缺乏關心與協助嗎？

　　1978 年，日本人松田美夜子於埼玉縣的川口市提倡垃圾
分類的「回收系統」（被稱為「川口方式」）。1995 年，日
本原子力委員會邀她當放射性廢棄物委員。她不把垃圾當作
「製造麻煩者」，而是要建立妥善管理廢棄物的社會。她曾
自費到歐洲瑞典、芬蘭、法國、德國實地瞭解處置放射性廢
棄物，體察歐洲將放射性廢棄物安全地放到地底下「睡覺」。

　　從自然的輻射量、輻射的健康效應、處理廢棄物經驗，
國人應為核廢棄物找個歸宿（「入土為安」），只要大家關
心就找得出地點。

8.3. 無知導致恐慌與浪費

低放射性廢棄物處置場所須土地面積不多,以法國的 La Manche 場為例,自 1969 年開場至 1994 年貯滿,封場後再覆土回填植被,所用的土地表面積僅約 0.12 平方公里。

台灣推動低放射性廢棄物最終處置計畫的一隱憂是公投法的高門檻限制。依「低放射性廢棄物最終處置場址設置條例」,最終處置場場址須經所在縣市民眾公投同意。然而公投法規定,公投案須有超過 50%的合格選民出來投票,且超過半數同意始能成案。當年立法諸公不明輻射科學,而又一再「喊價」似地與邀功地加嚴條款,結果此低放場址條例可說嚴苛地足扼殺任一可能場址;實在是我國的悲劇(與侮辱科學)。

由於低放射性廢棄物處置場遲遲無法設立,我國核能電廠被迫在設施內增建許多貯存倉庫,這些貯存倉庫因安全要求嚴格,工程費動輒數億或數十億。估計台灣因廢棄物延長貯存,以及因貯存過久導致廢棄物桶銹蝕、破裂須重新檢整、裝桶所花費的錢將超過數十億台幣,而這些額外的花費都從我們所付的電費中支應。

低放射性廢棄物經過處理後,並不傷環境或人,居然變成「過街老鼠」般,「天理」何

首座低放射性廢棄物場址 La Manche

在？另外的疑慮是下述的回饋（「政府是否自知理虧而結錢了事？」）。

8.4. 我國的回饋措施

至 2008 年底為止，國際間已有三十四個國家、七十八座低放射性廢棄物最終處置場（簡稱低放處置場）。大部分的國家都有回饋金的制度，用作建設所在地區的公共工程與社會福利措施之用。

「低放射性廢棄物最終處置設施場址設置條例」第 12 條規定，由核能發電後端營運基金提撥經費作為回饋金，其總額不得超過新臺幣五十億元，回饋金分配比例為(1)處置設施場址所在地鄉（鎮、市）不低於 40%，至少二十億元。(2)處置設施場址鄰近鄉鎮市合計不低於 30%，至少十五億元；無鄰近鄉鎮市者，則處置設施場址所在地鄉（鎮、市）及縣（市）各增加15%。(3)處置設施場址所在地縣市不低於20%，大約十億元。

「核能發電後端營運基金低放射性廢棄物最終處置計畫場址調查評估獎勵要點」規定，所在鄉鎮在完成調查階段時可獲得三千萬元，所在縣則可獲得一千萬元。「核能發電後端營運基金放射性廢棄物貯存回饋要點」第 4 條規定，設施所在鄉鎮年度回饋金，為設施上一年底實際貯存的可送處置的低放射性廢棄物每桶新台幣一百元；設施各鄰接鄉鎮及所在縣年度回饋金，為設施上一年底實際貯存的可送處置的低放射性廢棄物每桶新台幣六十元。

至於回饋金的使用範圍是地方公共建設的規畫、興建、維修與營運；各該縣鄉鎮居民用電補助；其他經預算程序核可辦理有利於興建放射性廢棄物貯存設施的事項。

8.5. 日本作法

　　日本境內唯一一座、也是全亞洲最大的低放射性廢棄物最終處置場，座落在北部的青森縣六個所村內。六個所村內除低放處置場外，尚設有鈾濃縮工廠、高放貯存場、燃料再處理廠等核能設施，儼然是個綜合性的核子設施園區。

　　早在 1970 年代，日本原燃公司即提出了在六個所村設置綜合核子設施的申請，但數年後經過兩次地方投票，都遭村民否決。六個所村居民多以務農為生，不解科學而擔心核設施的設置會影響生計，村民也有不少安全性上的疑慮。不過日本原燃公司在 1980 年代，盡力宣導溝通之後，順利取得地方同意設置各種設施。1992 年，六個所村低放處置場順利營運，用過核燃料貯存設施、再處理廠等也隨後陸續設置。

　　六個所村村民從抗爭到理解接受核子設施，這條漫長的道路，是由日本原燃公司的努力溝通結果。該公司透過媒體、印製書面資料宣導處置場概念與安全性，並且積極舉辦村民說明會與公聽會，解除村民疑慮。除此之外，每年原燃公司還會派員與村民做家庭訪問，做面對面、直接的溝通。他們並且邀請村民參觀國內外核設施，透過所見成功安全的核設施營運實例，消除對於核設施的疑慮。

　　依據日本電源三法中的「電源所在地促進對策」回饋金

規畫，六個所村內因設置綜合核子設施，從 1988～2007 年間已經領取二百九十億日圓，其中低放處置場占十四億餘日圓。而地方對於補助金的使用，僅限於道路、水電等公共設施，不可用在支付村辦公設備、人事費用，以避免淪為私用。

除了實際的回饋金之外，原燃公司用人在地化，創造數千個就業機會，使村民所得比縣民所得多出五成；他們並且積極參與地方活動，強化與居民的感情，建設鄉土文物館、回饋金興建溫泉會館，並且結合地方特色建立展示館，多年來該公司的積極作為已經達到良好的成效，設施經營者與居民之間已有相當的瞭解和信任。

8.6. 南韓經驗

南韓政府在 1986～2004 年間啟動的低放處置場選址計畫，歷經多次失敗仍無結果。但 2005 年 3 月通過特別法，為設址當地提供金援，並且在當年 8 月截止自願場址申請。有慶州、群山、浦項和盈德四地申請，最後經過地方公民投票，由慶州以最高同意率出線，獲選為低放最終處置場址，後來更名為月城處置場。

南韓此番低放最終處置場成功選址[14]，是建立在社區「自

---

[14] 99 年 1 月 17 日，李家同教授發表專文《南韓能輸出核電廠，台灣呢？》，指出南韓能在日本、美國、法國等核能先進國家的競標下勝出，和阿拉伯聯合大公國簽訂 400 億美元的建造核電廠合約，成為第六個輸出核電廠的國家。南韓能整廠輸出建造核電廠，顯示南韓的核能工業，已達世界級標準。核電廠是一個相當複雜而龐大的系統，南韓能夠輸出這種技術，不僅表示南韓已充分的掌握零組件的製造，也掌握了整合大系統的能力，可見南韓的高級工業水準早已凌駕台灣之上。落後人家這麼多，我們真羞愧；落後南韓如此之多，國恥也。又，台灣發展核能比南韓還早。另外，韓國核電占 36%，一度電產生 0.445 公斤二氧化碳；台灣核電占 20%，一度電產生 0.57 公斤二氧化碳。

願」設址的基礎上來運作。自願設址的地方經過議會通過之後，由當地政府向工商能源部遞送意向書申請設址。主管機關隨後進行場址評估和利害關係人意見諮詢，檢視潛在場址安全性和實施設址的條件。在地方舉行投票決定是否設址之前，南韓選址委員會會將評估結果送交地方政府。在法律規範之下，南韓工商能源部必須為設址地方民眾舉辦公聽會或座談會。

各地自願場址舉辦投票，由同意率最高的地區獲選為最終場址。對於投票結果，南韓政府設有以下的基本門檻：地方居民投票率超過三分之一、支持率超過一半。

慶州市在確定設址後，已經收到一次性的回饋金新台幣九十七億，依照與中央政府的協議，在處置場計畫通過和開始營運兩階段可分別領取 50%。除此之外，處置場興建初期的容量設計為十萬桶，最終將可容納八十萬桶。處置場五十年的營運期間，每年依據處置的廢棄物數量，每年約可獲得約三億的回饋金。韓國水力與核電公司必須在三年內將總部遷移至慶州。基金需運用在地方發展、推展觀光事業、擴增文化設施、實施增進居民收入、穩定生活環境和福利計畫和提升生活水準。

8.7. 法國的成功經驗

法國最終處置場營運特色在於，法國國家放射性廢棄物管理局從規畫初期開始，即密集參與社區活動。放管局運用約六百七十萬美金的基金，重修歷史古蹟、建設學校和相關

公共建設，亦參與辦理青少年活動、推動建教合作，並資助各種教育訓練、獎助運動等活動，與當地政府及民眾打成一片，也使該處置場成為其他國家仿效的模範。為避免記錄多年後因紙張變質而消滅，放管局特別使用可永久保存的紙張列印資料。放管局保存資料的遠見，展現了他們將永續經營處置場的決心。

為了讓民眾更瞭解處置場設施，經常性安排民眾參觀處置場，並在處置場所在地設立旅客服務中心，打造良好觀光環境，為原本為不毛之地的當地帶來意外的觀光收入。處置場員工多為當地居民，且處置場對地方的保存生態環境計畫和藝術文化活動也多有贊助。藉由參與保存數百年歷史文物活動，向處置場民眾展現放管局永續經營處置場的決心，並且建立歷史情感。處置場監督委員會由地方推舉代表成立，持續監督進入監管期關閉後的處置場仍正確營運，並且經常公布監測狀況限制該場址的土地利用。

8.8. 美國加州經驗

美國加州選定莫哈維（Mojave）沙漠的沃得谷（Ward Valley），為其低放射性廢料貯藏所，經過包括美國國家科學院等的各式審查，終於在 1995 年同意可行。

但因反核者強力反對而仍無進展；至今，包括醫療與產業的低放射性廢料仍暫存在許多地方，影響各處的規畫。

反核者不解輻射的健康效應，又妨礙處理核廢棄物，這是很不幸的事。

8.9. 國際溝通經驗

　　場址當地居民通常會認為,自身考量和權益未受政府正視。比利時、加拿大和瑞典政府在實行放射性廢棄物管理計畫時,針對參與設址的地方,運用包括工作小組的「社區夥伴關係」(community partnership)溝通策略。這種作法可以讓當地居民討論未來處置場對生活環境的影響,提供他們表達看法或是退出設址計畫的機會。政府與設址當地採取合作策略,處理地方關心的議題。

　　社區居民還可以參與處置場的設計和相關的回饋措施方案規畫,例如,若成功設址,社區可以依照當地需求量身打造工作機會。此類型的回饋方案,在於確保設址能帶給地方附加價值。使當地成立工作小組以評估處置場提案、監督場址探勘流程和與設址機關溝通。使地方自行聘僱專業人士,以檢視設址機關探勘流程作業。投資公共建設,如道路修築、興建醫院與休閒設施等。

表三:各國最終處置場(低放射性廢棄物)現況

國別	最終處置方式	處置場所	啟用時間
英國	淺層	Drigg	1959
俄羅斯	淺層	Sergiev Posad, Moscow reg.	1961
美國	淺層	Barnwell	1971
法國	淺層	L'Aube	1992
日本	淺層	Rokkasho-Mura	1992
西班牙	淺層	El Cabril	1992
中國大陸	淺層	廣東北龍	2001
德國	深層	Morsleben	1978
瑞典	海床下坑道	Forsmark	1988
芬蘭	坑道	Olkiluoto、Loviisa	1992、1999

8.10. 處理高放射性廢棄物

用過核燃料的放射性強度很高，但絕大部分屬於非常短命的分裂產物，輻射強度會快速地降低。如果剛從反應爐退出來的核燃料總活度是 1，三十天之後剩下十六分之一（6.4%）；一年後，剩下七十五分之一（1.3%）；十年後，就只剩下四百五十四分之一（0.22%）。至於鈽-239，只占高放射性廢棄物總活度的五十萬分之一。

用過核燃料的 97%可再處理而成明天的能源。如果把用過核燃料中鈽、鈾等元素萃取出來，經三四千年，廢棄物總活度就與鈾礦天然背景輻射相同。自使用過核燃料萃取出的鈽與鈾可以重新製造成燃料再利用，從降低廢棄物總活度或資源利用效率來看，廢棄物再處理都是最好的策略。

台電公司各核能電廠每運轉十八個月，即須自核反應器爐心退出約三分之一燃耗過的核燃料，並填換新的核燃料，而所退出燃耗過的核燃料，即稱為用過核燃料。用過核燃料的組成約含 95.6%鈾、0.9%鈽及 3.5%的分裂產物及微量鋼係元素。國際間的作法，採取濕式貯存、乾式貯存、最終處置或再處理三階段營運方式。

首先，用過核燃料從反應器退出時含有衰變熱及放射性，必須將其先暫存在用過核燃料貯存水池中進行冷却。其次，經水池充分冷却的用過核燃料移至乾式貯存設施，提供足夠的時間為用過核燃料最終的營運方式做最佳的規畫。乾式貯存將用過核燃料放置於密封鋼筒中，藉由金屬及混凝土做為屏障。原能會明訂核電廠外居民的輻射年劑量限值為 0.25 毫

用過核子燃料密封鋼筒組件組裝情形

西弗,而核電廠用過核燃料乾式貯存則限為 0.05 毫西弗,是法規值的五分之一,也就是一般人年劑量現值的二十分之一。最後,第三階段包括「直接處置」、「再處理」兩種方式。目前世界先進國家已對用過核燃料及高放射性廢棄物直接處置以深層地質處置法最可行性。亦即,送入合適的地質環境(地表300公尺以下),以多重障壁阻滯放射性核種的遷移,永久與人類生活圈隔離。其優點為費用可能較低,概念簡單。

2002 年 5 月,世界第一座高放射性廢料處置場在芬蘭 Olkiluoto 誕生,當地居民與芬蘭國會都以超過三分之二的壓倒性多數同意興建。處置場設計均要求民眾的外加輻射劑量小於自然背景輻射的萬分之一。

8.11. 兩千多年前的保存科技

若擔心現代科技的保存廢棄物,會導致外洩,則可看看古代作法的實際結果。依據內政部核能安全說明,中國大陸出土的許多古墓,例如,秦始皇陵(二千二百年)、馬王堆漢墓(二千一百年)等,使用30~60公分的白膏泥(一種低等高嶺土),而成功隔絕水分侵蝕二千年以上。

在現代處置場的隔離方面,使用膨潤能力更強的膨潤土來取代高嶺土。相同夯實密度下的膨潤土其水力傳導係數低

兩千多年前的保存科技

於高嶺土的百分之一、膨潤壓則高出四十倍。與高嶺土相較，膨潤土可以地下水傳導時間延長一百倍。因此，古代高嶺土可防止地下水入侵漢墓達二千年，則膨潤土功效更佳才是。

　　另外，故宮的三千年前青銅器都顯示金屬包封容器經得起長期防蝕考驗，商代早期的獸面紋觚有三千七百年歷史、西周晚期的宗周鐘則有二千八百年歷史，上面的細紋（平均高度約0.15公分）完整無缺，耐得住三千年歲月的存藏，則現代百倍厚的廢棄物包封容器應更牢靠。

表四：高放射性廢料處置場保護措施

保護設施	材料	尺寸	效果
廢料固化體	玻璃、陶瓷、人工合成岩，或金屬融固體	直徑 40～60 公分	可防止核種外洩至少百萬年
高放射性廢料容器	鈦合金、不鏽鋼、低碳鋼	厚度 15～30 公分	可防止腐蝕十萬年
緩衝材料	膨潤土、砂、沸石	厚度 3～4 公尺	可防止核種外洩至少四萬年
地質母岩	花崗岩、凝灰岩、岩鹽、黏土	深 200～500 公尺	可防止核種外洩至少五十萬年

8.12. 美國雅卡山貯藏所：政治打敗科學

美國國會於1982年通過核廢棄物政策法案（Nuclear Waste Policy Act，1982）。1983年，能源部在六個州選了九個地點作評估，永久性核廢棄物貯藏所必須具備下列條件：離人口稠密的城市遠、氣候乾燥、地下水源低（低於貯藏所）、沒有火山或地質斷層、沒有地震紀錄。

1984年，美國能源部選出三處（分別位於德州、華盛頓州、內華達州），但因研究分析費用龐大（每處超過十億美元），國會因此決定只挑一場址進行。當時眾議長為德州籍的萊特（Jim Wright），而眾議院多數黨領袖佛利（Tom Foley）為華盛頓州籍，在二人運作下，決定挑選內華達州雅卡山（Yacca Mountain）（有人說，當時內華達州在國會政治運作中，弱勢且缺乏關係）。1987年國會通過核廢棄物政策修正法案（Nuclear Waste Policy Act Amendments，1987），又稱為「鎖釘內華達州法案」（"Screw Nevada" bill），該法案決定內

美國內華達州雅卡山

華達州雅卡山為核廢棄物永久儲存廠址、禁止能源部再做其他候選地點的研究、也取消在東部選取一處為第二永久儲存廠址的決定。這就引起內華達州民與政治人物不悅，於是內華達州在1989年通過

一項法律，宣布任何人或政府單位要將核廢棄物儲存到該州都是不合法的。該州自認州內無一核能發電廠，為何要將全美核廢棄物運至該州雅卡山下貯存。

根據 1982 年廢棄物政策法案，內華達州長有權否決總統所批准選定該州雅卡山底下為核廢棄物永久儲存場地的決定，但如果經眾院及參院表決通過總統提案，該州州長否決將無效。內華達州州長、州議會、國會議員等均表示他們將繼續抗爭，縱然聯邦眾議院及參議院表決通過雅卡山計畫，他們仍將請聯邦大法官釋憲，最後並不惜訴諸法院，將本案向聯邦法院上訴。

另一政治糾紛是，雅卡山地區附近有印地安人保護區，印地安人認為土地是祖傳與生具有主權之一，反對保護區被用以做為核廢棄物儲存場地。美國政府一遇到「欺負弱勢原住民」字眼就只有打退堂鼓的份。

2007 年起，美國參議院多數黨領袖為里德（Harry Reid，1987年起即任參議員，民主黨），他來自內華達州，曾說：「雅卡山核廢棄物最終儲存所夭折，永遠走入歷史。」2008 年，歐巴馬（民主黨）競選總統時承諾放棄雅卡山計畫，2009 年，能源部長朱隸文在參議院重申雅卡山已非儲存核廢棄物場所。2011 年，美

美國參議院多數黨領袖為里德（Harry Reid），來自內華達州

國政府正式終止該計畫，並宣布終止原因為政策而非科技緣故。

8.13. 成功案例

美國新墨西哥州有個「先導隔離廢料場」（Waste Isolation Pilot Plant, WIPP），為永久儲存（核武器）廢棄物處（地下 600 公尺）。能源部於 1973 年即開始探討此處，為回應各界疑慮，1978 年成立「新墨西哥州環境評估小組」（New Mexico Environmental Evaluation Group, EEG），監督先導隔離廢

美國新墨西哥州「先導隔離廢料場」

美國先導隔離廢料場的核廢料

料場的各項措施安全性；該小組有效地減少民眾不安，而計畫順利進行。1979 年國會同意建造設施。1994 年國會要求盛迪亞國家實驗室（Sandia National Laboratories）開始測試該設施。到 1998 年（總共已測試二十五年），環保署同意其安全可用。首批核廢棄物於 1999 年送達。

七、再論反對核能之因：誤解

　　反核運動為反對核子科技的社會運動，主要的組織包括「裁減核武行動」（Campaign for Nuclear Disarmament）、地球之友、綠色和平組織、國際防止核戰醫師組織（International Physicians for the Prevention of Nuclear War）等。反核運動的原始目標在核武[1]，但逐漸地擴大為反對使用核能。這是很不幸的發展，對於人類的福祉影響甚巨。

　　核能的發現與應用始自二次大戰末期，美國擔心德國首先製造出原子彈，因此傾國之力完成。不久，前蘇聯也發展出。從此，以美蘇兩國為首，人類將應用核能技術集中在核子武器，而核能發電的技術研發似成次要。由於核武的破壞威力，民眾群起抗議，這對人類本為好事；不過，核能的和平用途（最大宗是發電）卻遭池魚之殃。主要原因是民眾不明兩者（核武、核電）的區別。

　　1979 年三哩島與 1986 年車諾比事故，均引發示威抗議核電廠。不過，後來因為不斷飆升的油價、氣候變遷（石化燃料導致全球暖化）、改進核反應器等，抗議似乎式微，核能發電成為一些國家的能源選項。2011 年日本福島核子事故震

---

[1] 創建美國電力研究所（EPRI）的能源專家史塔爾（Chauncey Starr，曾為我國的科技顧問）提到，核能發電受制於反核和環保運動者宣傳的恐怖描繪，因為早期美國原能會不邀民眾參與。

醒反核勢力。此歷程也顯示，民眾的認知受到「風險相較、經濟考量」等的影響，而偶發事件會左右民眾的抉擇。

1.「萬年無解的難題」？

　　反核者常宣稱核廢棄物為萬年無解的難題，例如，2000年11月，《天下》雜誌報導，經濟部林部長引用經建會陳主委的說辭：「核廢棄物要三百年才達到半衰期，輻射含量一萬年還不消失，這是多可怕的後遺症[②]！」此說辭表面上似有道理，實務上，卻是無知誘導無知。（依其邏輯，土中天然鈾半衰期四十五億年[③]，豈不更可怕？）

1.1. 燃煤發電每年害死多人，是已解問題嗎？

　　反核者稱核廢棄物為「無解」難題，是核能發電的「罩門」。其實，比起其他產業的廢棄物，核廢棄物實在是「特小巫見特大巫」。燃煤電廠釋放的化學致癌物比核廢棄物約超過五千倍，燃煤的污染與其廢棄物處理正傷害許多人，卻沒人說那是無解難題。放射性廢料在二百年後將（衰變）失

---

② 人體內含放射性核種半衰期鉀-40（十億年）、鐳-226（1,600 年）、鉛-210（22年）、釙-210（138.4 天）、氡-222（3.8 日）等。人自身輻射，人還活著吧？
③ 表一：天然環境存在放射性，導致地熱（和地震有關）的同位素

同位素	散熱（每公斤同位素瓦數）	半衰期（年）
鈾-238	9.16×10^{-5}	4.47×10^9
鈾-235	5.69×10^{-4}	7.04×10^8
釷-232	2.64×10^{-5}	1.40×10^{10}
鉀-40	2.92×10^{-5}	1.25×10^9

去 98%毒性，此時將不比土中一些天然礦物更毒。這樣的情況比諸如汞、砷、鎘等有毒化學物好多了，因為它們的毒性永遠一樣（不會衰變）。

　　美國工程院院士科恩提到「在美國，不論五百或十億年內，固化深埋核廢棄物導致的民眾死亡均比燃煤廢料少千倍以上，核廢棄物的處理常被宣染成『未解問題』，則燃煤廢料導致空氣污染每年害死萬人，是個『已解問題』嗎？」

1.2. 全球暖化「迫在眉睫」，有解嗎？

　　反核者眼中只有核廢棄物，「視而不見」的其他毒物其實更多更傷人。環境污染及衍生的氣候變遷（「迫在眉睫」），與化學、生物、食品、人為因素造成的災難，為何沒引起更大的反思呢？

　　燃煤電廠釋放巨量（約每分鐘 15 噸）溫室氣體二氧化碳、酸雨與空氣污染成分二氧化硫與氮氧化物、懸浮粒子煙灰、致癌有機化物、金屬鉛與鎘等、放射性釷與鐳等。比較燃煤電廠與核能電廠的廢棄物有二大差異：(1)在體積方面，核廢棄物小幾十億倍；在重量方面，核廢棄物小五百萬倍；一年的核廢棄物約重 1.5 噸。(2)燃煤廢料的健康效應為化學作用，比核廢棄物的輻射作用更傷害人體。

　　拉福拉克表示，全球暖化正嚴重危害人類；英國每年燃燒化石燃料產生的溫室氣體二氧化碳，多達 13,700 立方公里，足夠覆蓋英倫三島 10 公尺厚；相較之下，英國民用核電廠運轉五十年產生的高輻射廢料，只有幾立方公尺，無足掛齒。

對於溫室氣體減量，各國自有打算，很難產生具體可行方案，這由 2011 年底各國在南非的會議可知。

因為衰變作用，核廢棄物隨著時間而減少毒性。但是化學品則否，一些化學品的致死劑量為硒化物 0.01 盎司（28.35 公克）、氰化鉀 0.02 盎司、三氧化二砷（砒霜）0.1 盎司。砒霜為除草劑與殺蟲劑成分，散佈在生產食物的各地，也噴灑在蔬果上，又存在於土地中的自然礦物質。

核廢棄物在六百年後只剩下 1% 毒性。在幾百年內，地上人事建物或會有變化，但在地下 300 公尺岩層中的存放物質，不至於有變動。核廢棄物作成玻璃態（熔解成玻璃迅速冷卻而形成非非晶形固體），存放在不銹鋼容器中，外層為安定劑層、鈦合金保護層、防腐蝕層、結構套層、回填層（遇濕膨脹）、岩層。這些層層防護使得輻射外洩（污染）非常困難。

1.3. 每年漏油 14.3 億公升，有解嗎？

2010 年 4 月 20 日，墨西哥灣外海油污外漏。英國石油公司「深水地平線」（Deepwater Horizon）的外海鑽油平臺爆炸，導致漏油[④]，十一名工作人員死亡、十七人受傷。鑽油台燃燒後約三十六小時，於 4 月 22 日早上沉沒、開始漏油，直到 7 月 15 日停漏；估計全部約漏 490 萬桶原油，覆蓋海面 6,500～180,000 平方公里。約 800 公里海岸線受到油污。

英國石油公司成立一個二百億美金的基金來處理這個事

---

④ 全球大約每年遭遇天然氣爆炸（漏氣、火災），最有名的當數在 1937 年美國德州的案子，死亡 295 人。

故，英國石油公司因為墨西哥灣漏油事件，損失費用高達四百億美元。

上述墨西哥灣漏油7.8億公升原油（1噸原油約為7.33桶、或1165公升）；其實，全球每年約

2010年墨西哥灣漏油事故-1（灑水消火）

在海洋與陸地漏油14.3億公升。海上漏油包括各式船舶的艙底油漏油（5.18億公升）。陸地漏油較少上媒體；美國每天約一百次漏油，約四分之三發生於陸地，其餘在海上。例如，2011年7月，埃克森美孚（Exxon）石油在黃石（Yellowstone）河的輸油管破裂，漏油16萬公升。依據國際油輪主污染聯盟（International Tanker Owners Pollution Federation）分類，油輪漏油7600公升以下（次數約為八成）為「小漏油」。其實，有些地方每天一直漏油，例如，在墨西哥灣有美國泰勒能源（Taylor Energy）公司油井，從2004年9月16日起，每天漏

2010年墨西哥灣漏油事故-2（噴灑石油分散劑）

油約0.04噸。

根據維基百科，2011年附近就發生以下十六起重大石油相關事件。

受到反核影響，人類用油就更多；漏油也多，因此，危害海陸環境與生物也

表二：2010 年 5 月至 2011 年 11 月間，重大漏油事件

漏油	地點	時間	漏油量
雪佛龍（Chevron）	巴西 Campos 盆地	2011 年 11 月 10 日起	至少 345 噸
埃索／殼牌北海油田	英國北海	2011 年 8 月 10 日起	至少 216 噸
黃石（Yellowstone）河輸油管	美國蒙他那州	2011 年 7 月 1 日	122 噸
渤海灣輸油管	中國渤海灣	2011 年 7 月 4～19 日	204 噸
和平河彩虹（Peace River Rainbow）輸油管	加拿大艾伯塔省	2011 年 4 月 29 日	3,800 噸
孟買烏藍（Uran）輸油管	印度孟買	2011 年 1 月 21 日	48 噸
山鬥（Fiume Santo）發電廠	義大利 Sardinia	2011 年 1 月 11 日	15 噸
孟買油井	印度孟買阿拉伯海	2010 年 8 月 7～9 日	600 噸
巴拉塔里亞（Barataria）灣油井	美國墨西哥灣	2010 年 7 月 27～8 月 1 日	34 噸
帖馬吉（Talmadge）輸油管	美國密西根州	2010 年 7 月 26 日	3,025 噸
大連新港輸油管	中國黃海	2010 年 7 月 16～21 日	45,700 噸
油輪 Jebel al-Zayt	埃及紅海	2010 年 6 月 16～23 日	未知
輸油管 Red Butte Creek	美國猶他州	2010 年 6 月 11～12 日	86 噸
穿越阿拉斯加輸油管	美國阿拉斯加	2010 年 5 月 25 日	800 噸
油輪 MT Bunga Kelana 3	新加坡	2010 年 5 月 25 日	2,250 噸
埃克森美孚石油油輪	奈及利亞尼日爾河三角洲地區	2010 年 5 月 1 日	49,388 噸

增多。（託反核者之福）漏油是個無解的難題。

1.4. 其他能源（超多死亡）有解嗎？

　　比較全世界各式能源，即知核能最不傷人。根據美國核管會（NUREG-1437, 1991），每十萬個礦工在地下工作時，平均每年意外死亡人數是一千三百人、一般礦工是六十人。要維持一座核四規模的電廠運作，使用燃煤，需要開採515萬噸；如果使用核燃料，只需要開採 100 噸。工作量相差五萬多倍。所以工人犧牲機率相差五萬多倍。世界能源協會統計1969 至 1996 年間，全球發生了二次重大核能事故（三哩島與車諾比），共有四十五人死於這些事故。同期間發生 1,943 次重大能源事故，與石油有關的死亡為一萬五千人、與煤有關八千人、與水力有關五千人。外部成本反應各能源使用對於環境的衝擊，諸如歐盟 2003 年等權威的分析結論都指出：核能的外部成本最低（燃煤發電是核電的十倍以上、天然氣發電是四倍……）。

美國煤礦大火（1968 年）

油田火災

表三：1975～2010 年重大能源事故

國家	時間	死亡人數	事故
中國河南	1975	26,000	水壩垮
印度 Machhu II	1979	2,500	水壩垮
印度 Hirakud	1980	1,000	水壩垮
西班牙 Ortuella	1980	70	天然氣爆炸
烏克蘭 Donbass	1980	68	煤礦爆炸
以色列	1982	89	天然氣爆炸
哥倫比亞 Guavio	1983	160	水力發電事故
埃及 Nile R	1983	317	液化煤氣爆炸
巴西 Cubatao	1984	508	石油火災
墨西哥 Mexico City	1984	498	液化煤氣爆炸
蘇俄 Tbilisi	1984	100	天然氣爆炸
台灣	1984	314	煤礦事故
烏克蘭 Chernobyl	1986	45	核電廠爆炸
北海 Piper Alpha	1988	167	鑽油井爆炸
西伯利亞 Asha-ufa	1989	600	液化煤氣火災
南斯拉夫 Dobrnja	1990	178	煤礦爆炸
中國山西	1991	147	煤礦爆炸
羅馬尼亞 Belci	1991	116	水壩垮
土耳其 Kozlu	1992	272	煤礦爆炸
厄瓜多爾 Cuenca	1993	200	煤礦爆炸
埃及 Durunkha	1994	580	燃料火災
南韓 Seoul	1994	500	石油火災
菲律賓 Minanao	1994	90	煤礦爆炸
印度 Dhanbad	1995	70	煤礦爆炸
南韓 Taegu	1995	103	油氣爆炸
蘇俄 Spitsbergen	1996	141	煤礦爆炸
中國河南	1996	84	煤礦爆炸
中國大同	1996	114	煤礦爆炸
中國河南	1997	89	煤礦爆炸
中國撫順	1997	68	煤礦爆炸
蘇俄 Kuzbass	1997	67	煤礦爆炸
中國淮南	1997	89	煤礦爆炸

表三：1975～2010 年重大能源事故（續）

國家	時間	死亡人數	事故
中國淮南	1997	45	煤礦爆炸
中國貴州	1997	43	煤礦爆炸
烏克蘭 Donbass	1998	63	煤礦爆炸
中國遼寧	1998	71	煤礦爆炸
奈及利亞 Warri	1998	500＋	煤礦爆炸
烏克蘭 Donbass	1999	50＋	煤礦爆炸
烏克蘭 Donbass	2000	80	煤礦爆炸
中國山西	2000	40	煤礦爆炸
中國貴州	2000	162	煤礦爆炸
烏克蘭 Zasyadko	2001	55	煤礦爆炸
中國江西	2002	115	煤礦爆炸
中國貴州	2003	234	天然氣爆炸
蘇俄 Kuzbass	2004	47	煤礦爆炸
烏克蘭 Donbass	2004	36	煤礦爆炸
中國河南	2004	148	煤礦爆炸
中國山西	2004	166	煤礦爆炸
中國遼寧	2005	215	煤礦爆炸
中國新疆	2005	83	煤礦爆炸
中國廣東	2005	123	煤礦水災
中國黑龍江	2005	171	煤礦爆炸
印度 Jharkhand	2006	54	煤礦爆炸
蘇俄 Kuzbass	2007	150	煤礦爆炸
中國山東	2007	181	煤礦水災
烏克蘭 Donetsk	2007	101	煤礦爆炸
中國山西	2007	105	煤礦爆炸
中國山西	2009	78	煤礦爆炸
蘇俄 Khakassia	2009	75	水力電廠渦輪事故
中國黑龍江	2009	108	煤礦爆炸
剛果 Bukavu	2010	235	油輪火災
美國墨西哥灣	2010	11	鑽油井爆炸
紐西蘭 Pike River	2010	29	煤礦爆炸

資料來源：Paul Scherrer Inst 報告等。

2.「核能電廠無法 100%安全」？

　　沒有任一電廠是百分之百（絕對）安全，則要關掉所有電廠嗎？再依其邏輯，應該關掉所有設施、禁吃所有食物嗎？我國每年交通車禍數千人死亡，但無一人因核能輻射死亡，應廢除所有交通工具嗎？

　　人不可出生，因無法百分之百安全。不可待在室內（火災與地震壓死等風險），也不可待在室外（車禍與空氣污染等風險），均無法百分之百安全。

　　我們抉擇時要理性地權衡各種利弊得失，而非要求百分之百（絕對）安全。

　　核能電廠不是百分之百安全，但經由多重深度防禦，其風險非常小⑤。「託媒體之福」，在各式發電廠中，我們的資源和注意力大部分在核能上，因此，相對地，核能電廠遠比其他電廠安全多多。若擔心某種情況下（日本三一一地震……）會有事故，可知其他設施（包括環境……）早已悽慘（日本死亡失蹤二萬人、有些地方一片火海）？

　　W 教授擔心台灣「發生大規模核災是有可能的，並非杞人憂天」，他一再舉車諾比為例，但他不知車諾比的設計嚴重錯誤，這筆帳一直算在西式設計（「講也講不聽」），可

---

⑤ 核能專業科學家經由一種稱為「失誤樹狀分析」（fault tree analysis）的概率風險分析方法，可獲得「反應器安全研究」（RSS），這是美國核管局委託麻省理工學院發展而得。藉此，科學家可知核能發電的風險（非常小，例如，爐心熔毀概率低於每兩萬年一次）。至今，核能科學家一直在精進該分析技術。別的發電方式就沒這麼「嚴苛」了。

知環保人士不解核能反應器原理（包括「負溫係數」和「負空泡係數」）。環保人士應綜觀各式發電的優缺，也比較人生各種風險的輕重緩急。W 教授說核電輻射是人民被迫接受的，那麼石化電廠更傷人呢？統統關掉不發電而讓台大急診室停擺嗎？我國也有民生必需的加油站、垃圾處理廠、各式工廠等，其風險也是被迫接受的，所以全部反對嗎？

　　媒體往往引述許多故事，但故事固然易於引發讀者興趣，卻不能證明核能科學的正確度。要判斷核能的風險，就需將它導致的死亡人數「定量化」，再和其他發電方式相比。在此方面，反核者做不到，因他們頂多說「可能」發生，但不知其發生的概率，因此，他們可天馬行空地遐想，而結果總是「對」的，因為他們只說「可能」。

2.1. 比較各種發電方式的傷害：核能最低

　　美國工程院院士科恩宏觀比較各發電方式導致死亡的人數如下。

太陽能發電比核能發電更傷人

燃煤電廠比核能電廠更傷人

表四：在一年中，等量發電致死比較

電源	首 500 年	最終
核能		
高放射性核廢棄物	0.0001	0.018
氡氣	0	−420 ⑥
氪氙等氣體	0.05	0.3
低放射性核廢棄物	0.0001	0.0004
煤		
空氣污染	75	75
氡氣	0.11	30
化學致癌物	0.5	70
太陽能		
材料	1.5	5
硫化鎘	0.8	80

2.2. 核能發電原來有利環保

拉福拉克曾在 2006 年 4 月為文〈核能發電原來有利環保〉，他表示，因為溫室效應，如今地球大難臨頭。首先，他比較英國的主要能源：⑴煤開採成本高昂，每年要以長達 1000 公里的鐵路列車運送，發電廠每年預計排放 10 億立方公尺以上的溫室氣體，助長全球暖化效應；還製造大量塵埃，以及至少 60 萬噸有毒灰渣。⑵每年要從情勢不穩的地區進口四～五艘超級油輪的重油；發電廠排放的溫室氣體數量不在燃煤發電廠之下，外加大量二氧化硫瀰漫在大氣層內，化為酸雨和其他高毒性化合物。⑶天然氣必須以貨輪或輸氣管長程運送，易生意外狀況或外洩事故，其排放物飽含污染物質，

---

⑥ 因為使用核能，挖掉土中的鈾礦而減少氡氣的產生，因此減少遭受氡氣致死者。

而且供應國都有遭受恐怖攻擊的隱憂。(4)使用核能則每年只需二卡車成本低廉的鈾，供應國如加拿大和澳洲都情勢穩定；溫室氣體與酸性氣體排放量是零，有毒灰渣也是零，高輻射性廢棄物則區區幾桶而已。

「綠色和平組織」創建者之一的摩爾（Patrick Moore，現已離開該組織），2006 年 4 月 1 日曾在美國《華盛頓郵報》為文〈使用核能：環保者講清楚〉（Going Nuclear: A Green Makes the Case）指出，1986 年發生的車諾比核電廠事故是嚴重，2005 年，聯合國車諾比論壇（UN Chernobyl Forum）提報，四十五人死亡和該事件直接相關，大部分在滅火時因為輻射或焚燒而亡；但是全球每年挖煤死亡人數約五千人[7]。在美國核能電廠，從無人因輻射相關意外而亡。至於廢棄物，從核反應器取出後，其放射性經過四十年就剩下千分之一；稱為「廢料」實在錯誤，因為95%的能量仍在。

美國能源部分析全美二氧化碳減量貢獻，有 40%要靠核能、其他所有電力的改善加起來只有 10%；要靠再生能源（4%）與節約能源（9%）來達成目的，則很難。

3. 「核能電廠像核彈一樣爆炸」？

不會的。西方核電廠反應器不可能像原子彈般的爆炸。核能發電與核子武器不同，主要差別在於核能發電藉著控制

---

[7] 車諾比死亡事件可憐，但在美國，職業事故每天導致死亡人數超過五十人，而單一意外事故導致超過三十一人死亡的案例，在煤礦中時有所聞。

棒來控制能量釋放的速率，使能量慢慢釋放出來；而原子彈要的就是不受任何控制的瞬間爆炸。核能電廠不會像原子彈一樣爆炸，因後者燃料的鈾-235 濃度為 50%，但是前者 3%，又有水當緩和劑。

「核反應器的爆炸」頂多是「氫氣的爆炸」。三哩島事件後的共識為，即使所有能產生的氫氣同時爆炸，其力道還不足以傷到其圍阻體。實際上，氫氣只是逐漸產生，而頂多有小爆炸，其威力不大。一些沸水式反應器的圍阻體內存放鈍氣，因此，不會產生氫氣爆炸。

4. 「留給後代什麼」？

2000 年，反核的執政黨宣布停建核能廠的理由，包括「這一代人有無資格權力為幾百年後的子孫來決定他們的命運嗎？」此話聽起來義正詞嚴、堂皇崇高。實際上，該理由和「核廢棄物是萬年無解的問題」一樣的「妖言惑眾」。這一代人要節育或生小孩、基因篩選或墮胎等，是這代或後代決定的？給小孩吃甲物而不吃乙物、住丙地而非丁地（移民）呢？同理，上一代已經為這一代決定諸多命運。

反核者說留核廢棄物給後代違反世代正義，那反核者（包括他人）違反世代正義超多：消耗石油、天然氣、煤、其他礦物；我們也生了太多人而超過地球承載力、用盡農業可耕地、製造各式毀滅性武器、以戴奧辛等環境賀爾蒙和丟棄藥劑污染環境、大量排放二氧化碳[8]導致全球暖化與極地融冰而海水上升等。相較之下，核能發電的輻射實在微不足道。

2000 年，反核執政黨推出《廢止核四評估》報告，內言：「蓋好核四電廠之後，享受三十年的能源（一個核電廠的壽命只有三十年），以後的子孫[9]煩惱十萬年以上……」。其實，通常核電廠的壽命可達六十年，子孫要煩惱的應該是缺乏石化原料（被這代燒光了）、全球暖化、空氣污染等。各種化學廢棄物（而非廢棄物）才是子孫要傷腦筋的。至於減少壽命的因子，諸如肥胖、菸酒等遠比核能需要關切。

不過，反核者有其貢獻：督促核能界更進步、更戒慎。

5. 找不到存放場址？

如同垃圾，核廢棄物是國民每人產生的，每人均有責處理。其量小而集中處理，符合經濟原則。其輻射劑量均不足以危害核電廠員工與外界居民，居然找不到存放處？放在人多的地方，成本高（地價等）而易「擦撞」；放在人少的地方則成「欺負弱勢」。不論放哪裡，反核者總有批評之言（「欲加之罪何患無辭」）。總之，無容身之地。

各地自有其負擔，鋼鐵廠附近的居民，或會覺得「不公

---

[8] 拉福拉克在 2006 年《蓋婭復仇》（The Revenge of Gaia）書中說：「電視台問我，『那廢料怎麼辦？不會永遠毒害生物圈嗎？』其實，輻射核種污染地區充滿野生生物，蘇聯車諾比、太平洋核彈測試場、美國核武舊廠均是，野生動植物不認為輻射是危險的，因其導致的災害遠少於人類加之於它們的。現在有太多資源用在廢棄物等，卻沒什資源用在真正有害的廢料（二氧化碳）。」

[9] 前中研院院長吳大猷表示，在核電安全方面，若有人抬出「絕對安全」、「為子孫」等情緒話，則爭辯無結果。2000 年，一位反核的 K 教授說，沒有絕對可靠方法可保證幾百萬年後不發生問題，以核分裂方式發電絕對是破壞環境作法；則她的化學實驗室絕對安全嗎？她教學生實驗的方法絕對安全嗎？實驗廢棄物絕對不破壞環境？

平」，為何他們要接受該廠排放的污染？但他們可也想想煉油廠、天然氣[⑩]廠、農藥廠、油漆廠、加油站等地民眾也會「常懷不平」[⑪]？

但是民眾的恐慌使得核廢棄物貯存所的選址變得很困難與昂貴。「鄰避效應」英文「NIMBY」（Not In My Back Yard，放到別處，不要放在我家後院）清楚地表達民眾心態。反核者還發明「核墳場」這種名詞。反核者因而廣獲媒體刊載，這是他們獲得資助的主因。當地政客藉著反核，以護民之姿而獲得選票，若不反核恐遭落選。

核廢棄物經過處理後，科學家能夠安全地存放地下。核廢棄物的風險非常低，貯存場附近居民的風險幾千倍遠小於上述的各種近代工業，例如，光是與土地中的天然輻射比較，則知其影響微乎其微。不但不影響健康，民眾若不特別注意，不會知道其存在。但是其他發電的廢棄物就不見得，石化燃

---

⑩ 開採頁岩天然氣的一項隱憂是污染環境，因為需要大量水資源、使用大量化學物質、需要許多儲存槽接收污染的水。一層頁岩層就需 2～4 百萬加侖清水、1.5～6 萬加侖化學物質。

⑪ 其實餐廳旁居民也不滿其油煙排放，至於公寓住家則互相以油煙污染對方呢。2008 年 4 月，勞工安全衛生研究所發表專文〈烹飪油煙對餐飲業勞工健康危害評估研究〉指出，婦女每天進廚房烹飪罹患癌症的比率要比沒有進廚房者高出三倍。廚房油煙的基因毒性經由幾個短期的指標實驗測試加以證實，例如：食物在高溫下燒烤或熱炒，會形成有害的降解產物。在香菸中所發現的幾種致癌物也在廚房油煙中被發現，包括多環芳香族碳氫化合物、多環胺、硝基多環芳香族碳氫化合物。烹飪油煙曝露除了對人體呼吸道疾病、肺癌、子宮頸癌、基因毒性等之健康危害，並可能有心血管疾病之危害。2010 年 5 月 26 日，新光醫院胸腔內科主任高尚志指出，「國人烹調方式恐增加肺癌罹患率。」他也提醒，除了廚房油煙，許多女性常在家裡燒香拜拜或到廟裡當義工，都應注意空氣流通，不要久處煙霧瀰漫的環境中。
同理，各地也自有其享受，例如，國家公園、風景區等地的居民，他們會「常懷不平」地要求減少福祉嗎？

料明顯地影響全球暖化與氣候變遷、空氣污染與高死亡率等。

媒體好用「聞輻色變」與「致癌死亡」之類的字眼，而民眾大致上從媒體認識輻射相關的知識，因此，民眾對於核廢棄物的恐慌極度不理性。受驚的民眾上街頭抗議，即成媒體的焦點，因此，媒體與民眾互相「激盪」，而成惡性循環。

6. 反核者的理性與核能知識

反核者在兩件事上顯示其「堅持」的心態、不瞭解核能與輻射科技。

首先，輻射是否導致畸形魚？中研院邵所長等人研究結論：畸形魚的染色體數目與正常魚完全相同，將魚苗照射高劑量輻射後仍無法得到畸形魚。其次，高溫使魚體內維生素C 破壞或不足，導致魚骨骼與肌肉成長不正常不協調而成畸形。添加高量維生素 C 食餌餵飼花身雞魚後，則即使水溫高達 36℃，魚也不會畸形。現場也無法檢測出輻射或重金屬污染的證據。回復試驗（受高溫所導致椎彎的畸形魚，在水溫恢復常溫後，已畸形的魚會逐漸回復正常）也證明秘雕魚的成因為水溫所致。

即使這麼清晰有力的證據，反核的 W 教授還一直說「尚未找到秘雕魚真正原因，尚未控制好，如果繼續蓋核四廠，叫大家像鴕鳥一樣眼睛閉起來，不去面對這問題，到哪一天，產生了畸形人怎麼辦？」環保人士 T 教授也說她合理懷疑核二廠排放輻射污染物。2011 年 3 月 16 日，某暢銷報紙評論文章〈誰吃了秘雕魚〉，說核電廠出水口出現變形魚，原因莫

名，居民懷疑都是核電廠惹的禍，但台電打死不承認。台灣人，難道只能在核能災變陰影下，剉咧等過日子嗎？2011年5月1日，名作家陳若曦在媒體為文〈瘋綠能、救地球〉，提到金山兩座核電廠設立後，基隆港到淡水港之間的魚群都不見了，可見電廠流出的水有輻射污染。

其次，核能發電廠幫助產生原子彈嗎？核能電廠的鈾在反應器中會產生鈽-239，通常核燃料留在反應器中一段長時間，30%的鈽-239轉化成鈽-240，若以此燃料製造成原子彈，因為鈽-240會產生超大量的中子，原子彈的威力會減弱，甚至失效；因此，「反應器級鈽」爆炸力偏低且不可靠，也難設計與製造。「武器級鈽」得自鈾在反應器中三十天，但是「取貨」前，反應器需先停工三十天。又因為發電用燃料需在高溫高壓中操作，製作成本高。因此，靠核電廠製造「鈽原子彈」實為下下策。較實際的作法為使用製造鈽的反應器，原料是便宜的未濃縮鈾，這樣做可獲得更多的鈽，建廠更快，成本只要發電廠的十分之一；另一方法為研究用反應器。總之，核能電廠和原子彈之間的關聯度很低。

但是，W教授等人還是以核能電廠幫助產生核彈為理由反核能發電，可知他誤解核能科技[12]。

歐盟2007年民意調查顯示，「贊同核能發電」與「教育程度」成正向關係。美國工程院院士科恩提到1982年某研究

---

[12] 2008年4月22日（世界地球日），《華爾街日報》（Wall Street Journal）有文〈我為何離開綠色和平組織〉（Why I Left Greenpeace），作者摩爾（Patrick Moore）為綠色和平組織創辦人之一，在綠色和平組織六年後，發現其他四位主任缺乏正規科學教育，思維不科學，讓摩爾在1986年離開該組織。

發現，依照反對核能發電的排序：電視記者、著名媒體的科學記者、所有科學家、能源科學家、核子科學家。因此，關鍵為反核者缺乏核能與輻射知識。

另外，在車諾比事故死亡統計方面，W 教授寧可用綠色和平組織的資料（誇張誤導），而不願引用聯合國原子輻射效應科學委員會的（明確證實）。

7.「瘋綠電」

2011 年 11 月 4 日，由名作家施寄青與陳若曦等人成立的「瘋綠電行動聯盟」舉行記者會公布，全台每人每月多付七至二十元，即可永久擺脫核災威脅。施寄青指出，台灣四面環海風力旺盛，還有東北季風強，何必花錢進口石油、天然氣？

好，那我們先看風力發電，風的強度會隨時間而變，全球風力發電比例最高的丹麥，風力發電的容量因數（實際發電比率）平均只有 15%。台灣可用風力遠少於丹麥，容量因數更低。丹麥的電力系統與外國相連，以平衡風電的不穩定性。丹麥在三年前家庭用電的價格為每度 0.396 美元，約為全世界最貴。台灣是獨立電網，無法像丹麥一樣和別國互通有無。我國台塑麥寮風力系統，最需用電的夏季 6 到 8 月，發電效率不到一成（8 月有三分之二時間不到 5%），其成本分析如下。

表五：台塑麥寮風力系統成本與補貼

系統	麥寮風力
土地成本＋設備成本（億）	0.9（不含土地）
政府補助（億）（不含低利融資）	0.38
補助比例（％）	-42%
機組容量（MW）	2.64
單位成本（元／kW）（機組容量）	34,000
單位成本（元／kW）（可靠電力）	100,000
保障電價與台電平均發電成本差額	1.13 億

　　接著商討太陽能，以台灣的日照，發電平均每平方公尺不到 1 千瓦，假若在中山高速公路上加蓋太陽能光電板，以太陽能光電池效率為 17%計算，單位面積可安裝容量為 170 瓦，總裝置容量為 317 萬瓩（僅面板總價即 7600 億元）。以台灣日照量每瓩太陽能光電池裝置容量每年可發電 1100 度估計，總發電量約為核四發電量 211 億度的 15%，而核四裝機容量僅為台灣電力系統的 7%。

　　綠能需要全民補貼：2010 年 12 月 27 日，能源局指出，台電一度電成本約二元多，躉購太陽光電一度電約十一元，以一度電補貼八元計算，一年約補貼 10.4 億元，購電合約為二十年，總共補貼 200.8 億元，來自全民多交電費（「再生能源基金」），每度電費約增加 0.6 元，其中一半即為補貼太陽光電。

　　太陽能電池含硫化鎘，等幾年電池劣化後，硫化鎘很可能污染土地，而後傷人；其致死率遠超過核廢棄物幾千倍。

另外，生產太陽能電池時需要有毒物質，例如，氫氟酸、三氟化硼、砷、鎘、碲、硒等的化合物，均影響人體健康。若大規模使用太陽能，建設和維護屋頂太陽能板與其供電轉換系統時，每年將有不少人遭殃（電死）。家中備用供電系統常為柴油[13]機，產生嚴重健康效應，因柴油排氣包含已知致癌物。

水力發電雖然不會排放污染物到環境，但水壩的建造會淹沒大片的土地，必須遷移許多居民與野生動物，水庫也會影響到附近，以及下游河川的生態。最聲名狼藉的當數埃及的阿斯旺（Aswan）水庫，對環境生態影響至大

總之，這些綠能的能量密度非常低，需要廣大的土地面積收集。發電「靠天吃飯」，無法預測也不穩定，可能無法與負載同步（例如，夏季需用電時，冬季才吹風）。綠能發電需要搭配其他發電方式，才能維持穩定的供電。電力難以儲存，系統的供應與消耗須平衡，綠能發電系統不但難以調度，還會製造電力調度的困擾。我國若遇到機組故障等突發事故，即面臨缺電與限電困境。

民眾設立太陽能電池或風力發電可將多餘電力賣給電力公司，這在少數人這樣做時可行，若許多人這樣做，電力公司就慘了；因為電力公司必須建造與維護備用電力系統（電力賣得少），又必須在陽光強或風力族時買許多電力，結果是電價必須上漲彌補損失。

---

[13] 柴油發電應急為普世作法，例如，我國桃園大潭天然氣發電廠也用柴油備援。

7.1. 民眾抗爭，建廠困難

近年來，各種電廠均吃閉門羹。2012 年 1 月 13 日，台中彰化地區六個環保團體反對龍風火力發電廠及彰工火力發電廠開發案、現有台中火力發電廠不予擴建或增設機組。另外，2011 年 9 月 22 日，台電林口火力發電廠要擴廠，當地四鄉組團抗爭。

再生能源也一樣不受歡迎，例如，2011 年 6 月 15 日，某風力發電公司原規畫在三芝設置二十多座風力發電機，因居民反彈減至兩座，但居民還抗議：「要美麗不要風力！」因擔心破壞環境生態，另外嫌風力發電機的強風與噪音，根本是災難。

又如，2011 年 7 月 12 日，花蓮人抗議設立水力發電廠：已經有十座水力發電廠，年發電量是六億多度，但仍不敷使用，在尖峰用電時段，有八成多的電力缺口必須仰賴西部和南部，穿山越嶺送電而來。台電為了降低供電的不穩定，和提高在地自產能源的比例，這幾年在花東一帶，陸續進行開發電廠的計畫。2003 年起，提出花蓮萬里溪的水力開發計畫，但居民抗議而在 2010 年終止。生態學者認為，水壩式的電廠卻會毀掉一條資源豐富的河川，施工過程更將破壞水土保持。

倡議再生能源者，有何擔負一國能源成敗的經驗？如何完成「台灣為孤立島國而需獨立電網穩定性」的責任？

7.2. 歐美經驗

德國電力的四分之一來自核能，3月下旬宣布2022年前關閉所有核能電廠（其中，八座已關閉，剩餘九座）。結果，德國開始向外國（法國等）買電，2011年買4兆瓦小時（2010年賣出14兆瓦小時）。德國開始增加燃煤發電。官方估計，以再生能源取代核能，未來十年將花費三千四百億美元（加上現行每年補助再生能源一百七十七億美元）。政府又需賠償四家核電公司一百九十億美元。

著名環保健將的英國牛津大學教授拉福拉克（James Love-lock）提到，丹麥、義大利、奧地利等國堅拒建設核電廠，但樂於從鄰國輸入核能電力。至於綠色和平組織信徒宣稱，再生能源足以彌補核電廠退役後的能源短缺，並應付人類與日俱增的能源需求，只是一廂情願而又不切實際的想法；例如，風力發電效率極低，而且在無風時節仍需化石燃料支援；太陽能發電對歐洲北部是天方夜譚。綠色和平組織創立者之一的摩爾贊同拉福拉克論點：「反核最力的綠色和平組織與各國綠黨等，既不環保又不合科學精神，那樣子保護地球真是匪夷所思。」拉福拉克在2004年發表文章〈核能是唯一的綠色答案〉：「全球暖化情況比原來想像的嚴重，但再生能源不足以挑大樑，只有核能可即提供能源而不造成暖化。若不全心面對真正危機（暖化），我們可能死得更快更多。」

根據美國能源部分析，1993年之前的四十多年中，美國用於核能研發的支出總計達六百億美元（其中有三分之一為

廢料處理相關科技研發），結果提供美國 20%電力；反觀太陽能和地熱方面的研發花費了二百二十億美元，卻只提供 3%的電力。

美國能源部公布資料顯示，以 2008 年核能為基準，每單位發電量的總費用為太陽能光電 3.3、風能 1.3、天然氣 1.1、水力 1、燃煤 0.8。在每發電量的二氧化碳排放量方面，燃煤約 45、天然氣約 7、太陽光電約 6、水力約 5、風能約 0.6。

表六：巨額補貼[⑭]為再生能源的經濟誘因

國家	補貼對象	補貼手段
德國	再生能源	90%國內零售電力價格補貼（每度 3.1 元台幣）
德國	再生能源製造商	每年四億馬克（台幣約八十億元）
丹麥	風能	每度補貼 0.27 克埃（約為電價二分之一）（台幣 1.2 元）
挪威	風能	設置經費 25%＋電價補貼三分之二（台幣 0.5 元）
英國	再生能源	每度補貼 3 便士＋氣候變化稅 0.43 便士（合計台幣 1.9 元）
我國	再生能源	設置經費 50%（最高）＋保障收購價格（台幣二元）

---

⑭ 「補貼」的意義為「挖東牆補西牆」，亦即，擅改市場經濟的力量（懲罰某一對象而獎勵另一對象）。正面效應許是「濟弱扶傾」，但可能導致反效果「創造缺乏效率或為違反公義的社會負擔」。

8. 民眾的憂鬱來自誤導

　　某大學C教授與同仁為文談到台灣民眾深陷核能憂鬱中，他們「居心」何在？該文說核電廠附近民眾絕大多數認為核電廠有害健康，這是嚴重錯誤的認知，可知反核者的教育「很成功」。作者推論若用替代能源，民眾就擔心高電價或電量不足，係因台電常「威脅」民眾；此文又批判台電與政府核管單位的表現乏善可陳、專制、強加貧弱偏遠地區；核電昂貴又過時。以他們的推論，稍可猜知其問卷用語「大概使用誤導字眼」；他們不瞭解核能科技，而又樂於強化民眾反核觀點。

　　反核者認為「台灣核能電廠＝前蘇聯車諾比核能電廠＝不定時炸彈」，可知不解此三種科技，居然弄得民心惶惶而「草木皆兵」。反核者每次成功地封殺或延擱核能發電，就是「助桀為虐」地增加石化燃料，其結果是「愛之適以害之」地加速地球暖化。雪上加霜地，名人也來湊一腳，吸引不少民眾追隨，他們有圍棋或文藝的光環，但瞭解核能科學嗎？反核者某縣長自詡反核立場「堅定如一、從未動搖過」，但科學態度是「可否證的、依證據而走」，即可知他不理會科學證據。

八、回顧「核四再評估」

　　核四電廠計畫在 1980 年提出，預定於 2004 年完工商轉，發電量每年平均 156 億度。1986 年因車諾比事件暫緩興建，1992 年恢復。1996 年立法院曾決議暫停與恢復。1999 年 3 月 17 日，核四正式動工。

　　2000 年，民進黨執政後，成立「經濟部核四計畫再評估委員會」[①]，其十八位委員為反對與擁護者各半。從 2000 年 6 月 16 日至 9 月 15 日共開十三次會議，總是支持者和反對者針鋒相對[②]。2000 年 9 月 30 日，經濟部宣布建議「停建核四」。10 月 27 日，行政院張院長宣布停建核四廠。2001 年 1 月 15 日，大法官釋憲導致 2 月 13 日的行政與立法兩院院長協議核四復工。

　　核四停工一百一十天，執政黨宣布停建核四的損失是民主的代價。十年後（2010 年 4 月 7 日），立法院長表示，包括合約賠償、相關的機具設備、工程介面銜接、未能如期營運等損失，有形損失三千多億元（另外，股市跌四兆元）。

[①] 反核行動聯盟等團體發表聲明，反核是民進黨的黨綱，也是總統當選人的競選承諾。新政府應成立「撤銷核四委員會」，而非「核四再評估委員會」。民進黨執政八年反核，常任的核能相關技術官員與科學家（原能會、核研所、能源局、台電等），如何「昨是今非」地反核呢？或者會「人格分裂」？2000 年起，台電奉令撤銷核能溝通中心、停止核能溝通。

[②] 開會時情緒高漲，用語尖銳，正是「即連科學事宜，爭論一久就成語意問題」。

1. 院長錯誤的宣示

　　張院長宣布停建核四後的一個多月（12月1日），清華大學原子科學院全體（三十七位）教授抗議其停建論述錯誤[3]，例如，(1)張院長說車諾比事故一萬五千人死亡與五萬人殘廢，其實輻射死亡人數四十五人。(2)車諾比事故不會發生在西方國家和我國，而美加英法日也未因車諾比事故而逐步廢核。(3)核廢棄物可按國際公認的標準技術進行最終處理，全世界已有三十四個國家七十五處最終處置在運轉。(4)核四採用最先進的進步型機組，其核廢棄物產生較核一、二廠少三倍，安全度較核一、二廠高十倍以上。

　　行政院長的停建理由來自國內反核者，但他們無核工背景，高估核能風險。前中山大學校長林基源在 2001 年 2 月 1 日，發表文章〈從公共政策觀點評析核四決策問題〉指出[4]，依行政院長的邏輯，汽車會發生事故，造成生命財產損失，就應停止汽車的進口或製造？飛機會發生空難，就應停止飛行？現代社會處處都有風險，專家志在將風險降至最低且可

---

[3] L 教授表示，「指責行政院長資訊錯誤而停建核四，無異於專業獨裁。」這是理虧者的反應。

[4] 張院長停建理由之一為：「核四合約終止損失尚低於續建投入成本」。此話顯然有嚴重的瑕疵，因只考慮「成本」而忽略「效益」。停建核四而支付的751～903 億元，全屬損失，不但毫無效益，而且可能還須花錢處理廢墟。但續建核四的支出一千二百億元，屬於投資性質，完工後一座核能電廠可發電，而且每度發電成本，核能均較燃煤、燃油、燃氣為低。若依院長邏輯，則興建中的工程，尤其是施工進度未達 50%以前，均應宣布停工，因為停工損失一定低於續建成本。高雄捷運系統及南北高速鐵路，是否均採此方式在完工前宣布停建？

為人們接受；例如，騎機車時戴安全冒以減低風險；汽車風險可接受，因快速方便；飛機雖有風險但發生機率甚低。核能發電有風險，但其他發電安全嗎？我國核能廠營運多年來，未曾有過死亡案例，但每年都有一百起以上瓦斯爆炸、民眾喪生。

2001 年 1 月 30 日，行政院張院長於立法院提報核四停建，再度說俄羅斯工人七千人死亡，烏克蘭工人死亡人數應不少於俄羅斯的；因此，台灣核電廠的興建是兩千三百萬人的生命安危問題。

張院長又問誰可以保證未來核四一定不會出問題？但他可保證台北市上游的石門水庫一定不會出問題？保證天然氣儲存場或發電廠一定不會出問題？保證北高捷運或高鐵一定不會出問題？保證台北市立棒球場（或者後來的臺北小巨蛋；均可容納一兩萬人）一定不會出問題？

張院長又說無論你在台灣的什麼角落，其實和蘭嶼人一樣接近核廢棄物，大家都是蘭嶼人。其實，核廢棄物並沒污染蘭嶼人，張院長這樣宣稱，除了科學上錯誤外（讓蘭嶼人恐慌），更是為「討好」蘭嶼人而無形中挑起族群對立。

2. 再評估報告

2000 年 9 月，經濟部核四計畫再評估委員會出版《核四計畫再評估總報告》，綜觀其論述，反核者似乎缺乏核工知識，也誇大輻射的健康風險，自認環保與護民的動機很可佩，但是徒有愛心而缺乏正確核能與輻射知識，導致他們反核。

由核四再評估可知委員知識正確度

例如，委員之一的前台北縣長蘇貞昌委員說該縣有三座核電廠，逃生不易；建核四會增加其風險與核廢棄物數量；他的顧慮可理解。另一委員高成炎說目睹太空梭爆炸而擔心科技並非萬無一失，台灣若核災將萬劫不復，因此反核；這也可理解。

但是，在結論時，蘇貞昌自述堅決反對核四的立場堅定如一，從未動搖過，那麼「再評估」的意義何在？科學的精神是跟著證據走（「可否證的」），亦即，若有更佳知識就改而接納；但他「不論如何，反對到底」。另外，高成炎主張將原火力發電改為燃氣發電，他不知燃氣就是火力嗎？他也不想想將導致太多燃氣的麻煩嗎？他又說水泥改用進口的既省電又減少二氧化碳，這個嘛，牽涉一國「物質安全」的規畫，而高成炎的作法像「以鄰為壑」。

3. 澄清反核的說辭

	反核	澄清
1	美蘇的核反應器設計雖有部分不同，但發電的原理一樣，因此皆有發生類似車諾堡重大災變的可能。	反核者對核能工程可說是大外行。

	反核	澄清
2	核廢棄物經再處理可產生鈽，只要 10 公斤的鈽就可製造一顆足以摧毀一座城市的核彈。	反核者不知核能電廠生產的鈽不適合當核彈。
3	至 1995 年，俄羅斯和烏克蘭工人死亡人數分別為七千人和八千人。這種核電的代價，台灣人民無法承受。	反核者不信「聯合國原子輻射效應科學委員會、國際放射防護委員會、美國國家科學院游離輻射生物效應委員會」等的資訊，偏愛反核而缺乏科學的綠色和平組織資訊，而且執迷不悟。其實 45 人輻射死亡。
4	有可能蘭嶼已經大量輻射外洩。	沒有！科學證據明確。這是找不到儲存核廢棄物的原因。
5	核二廠出現畸形魚，建核四恐出現畸形人。	反核者不解輻射的生理效應機制，導致恐慌。
6	核電廠導致生物滅絕。	其實，是「正確科學知識」滅絕。
7	許多證據顯示，台灣輻射鋼筋的來源為台電核電廠所拆除污染廢料所致。	張飛打岳飛。
8	用過燃料棒若遇強震可能導致車諾比融毀災變。	天馬行空的遐想。
9	核災最可怕處在於……台灣經濟瓦解、超過人類面臨過災害的千萬倍。	九二一地震導致 2,415 人死亡。西方核反應器（三哩島與福島）事故均無人輻射死亡。前蘇聯核反應器（車諾比）事故導致輻射死亡 45 人。
10	已產生的 17 萬桶核廢棄物還不知放哪裡才好？	反核者與民眾不知，核廢棄物經處理後，遠比台灣各式廢棄物安全。

	反核	澄清
11	台灣地狹人稠、地震颱風頻繁，缺乏發展核電所需的安全條件。核四無法承受九二一強震。以天然氣代替核能，建造輸氣管等燃氣系統，更安全環保。	核四設計 0.4 g 可承受 8.2 級地震（九二一地震 7.3 級）。若九二一地震發生在核四，附近建物可能全毀，只有核能電廠除外。其他火力電廠早已全燬。在國安立場，核電是首選。燃氣廠相關設施（粗 1 公尺輸氣管、16 萬公秉儲氣槽等）的防震設計均不如核能電廠。強震引起氣槽爆炸，周圍多少公里內會化為灰燼？
12	太陽能與風力等再生能源技術商業化已驅成熟，才是永續的能源。	還早呢。
13	核電廠和附近原本可蓋旅館、海洋遊樂事業、海岸別墅，但被核電廠使用和限制；造成地價損失與限制社區發展。	反核者控訴核四破壞台灣東北角的生態瑰寶，與設置「東北角海岸國家風景區」及「海域資源保護區」的目的相衝突。他們還想蓋旅館呢。
14	減少石化燃料、停止核能、確保能源供應永續。	台灣幾無自產能源，99%的能源需自國外進口，反核者「減少石化燃料、停止核能」而做到「確保能源供應永續」，真是太神了。
15	台灣高密度核島，人民「撈一票就走」。「核電殖民地」帶來污染鍊、疾病鍊。核電造成科技霸權，「專家」變成「專門害人家」。	反核者擅長創造詛咒的形容詞。他們因說明科學而非批評。
16	核能電廠全黑啟動需靠其他電力，因此，「核能為準自產能源與助於能源安全」的說法是錯誤的。	欲加之罪何患無辭？核燃料體積小，運輸儲存方便，發電成本比例低，受國際能源價格波動影響小，國際上也視為「準自產能源」。

	反核	澄清
17	核一二廠周邊民眾認為核廢棄物如同癌症、愛滋病般危險。	反核者經常誤導之功。
18	廢除核四才不會繼續迫害輻射住戶。	張飛打岳飛。兩者毫無關係。
19	民進黨一直堅決反對核電，不能在陳水扁當選總統後，卻要興建核四。	科學知識與政治意識不合時，犧牲誰？

4. 放在蘭嶼的低放射性廢棄物

反核委員說，「低放射性廢棄物的最終處置需要埋在大塊、堅固的地下岩盤，如美國的大片沙漠地區」。其實，反核者不瞭解低放射性廢棄物（處理過後桶裝）的輻射程度，才會要求「大塊、堅固的地下岩盤」；他們又誤會地下岩盤與美國大片沙漠地區的關係，才會說「如」。

反核者說，「核廢棄物暫時貯存於蘭嶼，是歧視少數民族的不義行為」。這是個很敏感的話題，任何非蘭嶼原住民無論怎麼解釋，均可被曲解（例如會被「欺負弱勢」的大帽子壓死）。事實上，無論放在哪裡，反核者或當地居民「總可講出理由」反對。就像反對設立核電廠，在人多地方就被說成「全世界唯一在首都圈設核能電廠（亡國危險）」；在人少地方設廠，則為欺負弱勢。總之，動則得咎（欲加之罪何患無辭）。

反核的民進黨執政八年，還是無解（留在蘭嶼）。反核者將低放射性廢棄物描述成「大量輻射、如同癌症與愛滋病般危險」，難怪民眾被嚇得半死，因此，任何地區民眾均可

拿此「擋箭牌」拒絕廢棄物；若從蘭嶼搬出，則沒人願意接納，所以，反核政府找不到接納地。也許「作法自斃」差可形容他們「無知」的反核觀點。

任何一個國家均需要食衣住行育樂、水、電、能源等，要產生這些東西勢必需要建廠，又會產生廢棄物（人也排放廢棄物），因此需要垃圾處理廠等設施。全國總有某地「享受供應物質的便利」，同樣地，也有某地附近是「處理廢棄物的不便」。因此，不可能全國每人只「享受」而不「負擔義務」。

低放射性廢棄物也來自醫藥、農業、工業、學術研究、電力公司等，因此，可說全國人均曾享受其福祉，為何沒人願意處理（接納）廢棄物？

如果反核者說他們根本不會用核能發電，因此沒有義務處理；那之前他們就不要用電（或一邊用電一邊唸「阿彌陀佛」）？即使不講核電，反核者看牙醫使用 X 光照射牙齒或斷層掃描、使用放射性非破壞性方法檢查水庫（全台九十六個水庫與其下游城市民眾）安全或相關事宜，均因而產生低核廢棄物。幾十年來，不論反核者是否執政，他們總是需要處理低核廢棄物。反核者如何描述低核廢棄物？會說得那樣「危言聳聽」嗎？要放在哪裡呢？不放蘭嶼而放台北市？

附帶地，為了處理低放射性廢棄物，為何只有台電一直在第　線艱苦奮鬥，而「學術研究、醫學、農、工」人士沒出面說明？反核的核四再評估委員之一某醫院 W 教授為何不願澄清？

事實：蘭嶼核廢棄物不傷人或環境，因其輻射劑量遠低於自然的輻射劑量。所有反核者的說辭均錯誤。

5. 贊成續建核四的理由

相對地，其他委員贊成續建核四，原因包括：

(1) 1998 年核能發電依序為法國（76%）、比利時（55%）、瑞典（46%）。目前世界各國興建中的核電機組共有三十六座，規畫中的核電機組亦有三十六座。

(2) 2000 年，法國總理 Lionel Jospin 指示完成法國 2000～2050 年間能源政策，結論為：「各種可產生大量電力的發電方法中，核能發電仍是最便宜，對環境衝擊最小的發電方法；核能發電最大的限制來自於政治爭議，而不是經濟或環保。」

(3) 輕水式核反應器為相當成熟科技，自 1960 年代陸續運轉以來，已經累積超過八千個爐年運轉經驗。法國於 1960 年代末期開始大規模發展核電時，即選用輕水式核反應器；英國於 1980 年代興建新核能機組時，即捨棄使用多年的氣冷式機組，改採用輕水式核反應器；可見輕水式核反應器成熟而可信賴。

(4) 核四機組為世界核能業累積數十年經驗的產品，經過美國核管會七年的嚴格審查後，已於 1994 年獲頒設計許可，其安全性與運轉可靠度均比舊型更優越；根據安全度分析，在爐心熔毀率方面，比現有機組安全十倍。核四廠的二部機組與日本柏崎電廠的第六與七號

機同為進步型機組，此二機組分別在 1996 年與 1997 年開始運轉，至今績效甚佳，例如，在 6.5 個爐年經驗中，只發生二次跳機與三次停爐檢修，平均年跳機率 0.3 次、平均年異常事件 0.8 件，其穩定性與安全性堪為全世界核能機組的楷模。日本未來十年仍將興建十三部機組，其中八部機組也是同型。反核者傳播「核四廠為美國核電外銷的白老鼠」只是嚇唬不明究理的民眾。

(5) 1999 年台電公司的火力電廠共釋放了 159,217 噸硫化物、83,571 噸氮化物、與 3,629 噸懸浮微粒到環境；但核能電廠全無。當年全國二氧化碳排放總量為 20,664 萬噸，其中四成由發電業產生。國內三座核能電廠共發電 369 億度電，若以燃煤發電則增二氧化碳排放 3,464 萬噸。

(6) 因應「聯合國氣候變化綱要公約」，2020 年時將我國二氧化碳排放量降至 2000 年水準。核能發電及再生能源雖皆為排放二氧化碳較低的發電方式，但再生能源發電成本尚高，還不適宜大量開發。核四發電後，至 2020 年我國排放量仍較目標高 73%。若核四停建改以燃氣、燃油或燃煤替代，每年將更增加二氧化碳 770 萬公噸至 1,691 萬公噸，更難以達成抑制二氧化碳之目標。依據 1998 年全國能源會議結論，於 2020 年達成電力裝置容量配比為燃煤 35～37%，燃油 4～5%、燃氣 27～29%、水力 9～11%、核能 19～20%、新能源

1〜3%。

(7)廢棄物的處理費用來自每度電的 0.17 元（和瑞典相近），作為後端營運基金。台電已累積超過千億元，並增加每年百億元以上。

(8)核能電廠的除役已有許多經驗，德國KKN電廠，除役後的廠址是做農業使用，日本JPDR與美國西賓堡核電廠（Shippingport，1957〜1982）⑤，除役後的廠址並沒有使用上的限制。經濟合作開發組織自 1985 年起，著手進行十五個核子反應器及六個核子燃料循環設施之除役作業研究，業已建立完備的除役技術及財務規畫經驗。依據國外核能電廠之除役經驗，每部機組之除役費用（包括拆廠、用過核子燃料最終處置之費用）約新台幣二百五十億元，「核能發電後端營運基金」足以支應。美國首座民用核反應器西賓堡核電廠，除役費

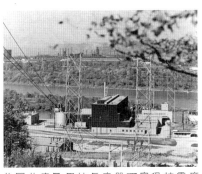

美國首座民用核反應器西賓堡核電廠
（Shippingport，1957〜1982）已除役

---

⑤ 到 2000 年，美國已有二個成功除役例子，一是西賓堡核能電廠改成綠地，二是聖佛蘭（Fort St. Vrain）核能電廠改成天然氣發電廠。2000 年 10 月初，美國能源部特別助理周成康來台表示，他所主持的研究所在 1986 年參與美國第一座民用核電廠（西賓堡）的除役工作，1989 年完成，費用約 3 億 5 千萬美元（約合台幣 105 億元），目前該廠一片綠地，已轉為民用。

用三億美元，可當任何其他用途。

(9)核四紓解現行「南電北送」（北部電力的四成）的壓力；南電北送造成電力損耗，又使輸配電系統因負荷太高而不穩定，易造成大規模停電，例如，88 年 7 月 29 日北部地區大規模停電[6]原因之一：老舊的南北一路高壓電線亟待整修。

(10)一天二十四小時中，電量需求最低時仍需啟動的電廠為基載電廠；為因應電量需求逐漸增加，陸續啟動的電廠稱為中載電廠；電量需求到達最高峰時，才需供電的電廠為尖載電廠。從經濟面考量，發電成本中燃料成本比例較低的發電方式適合作為基載電廠（核能、燃煤……）；而燃料成本比例較高的發電方式適合作為尖載電廠（氣渦輪機、抽蓄水力……）。在技術面，各發電方式升降載（增減發電量）所需時間不同，核能與燃煤的升降載時間較長；但氣渦輪機與抽蓄水力則短，較適合電網負荷快速調節發電量，因此，適合尖載電廠[7]。

---

[6] 2012 年 1 月 25 日，《中國時報》刊登台大盧秋玲教授文章：我的父親退休前是台電的技術人員，一輩子在台電服務，年輕時負責的工作從走路到深山裡家家戶戶去收取電費，到緊急狀況的即時修護，到每星期的守夜值班，不一而足。我從小就知道這工作的危險與辛苦。每逢颱風天時，停電必定是家常便飯，我怕他爬上電線桿的時候有甚麼不測。當所有人停電的夜裡在家裡吃著燭光晚餐時，我們家的小孩點著蠟燭，祈禱父親在風雨交加中電線桿上搶修時能平安歸來，祈禱雷電不要擊中任何一條電線，祈禱他在電線桿上時不要讓大雨擋住他的視線，祈禱他的維修工具沒有瑕疵。所有的擔心憂慮會在「電來了」時稍減，但直到他踏進家門的那一刹那，我們才知道父親是撿回來了，不像他們的主任，在一次的颱風夜，從此再也沒有回家享用任何熱騰騰的晚餐。電是用台電人員辛苦冒著生命危險換來的啊！

6. 院長被「綠色和平」誤導

　　「綠色和平」（Greenpeace）是個從事環保工作的國際組

織，總部位於荷蘭的阿姆斯特
丹。綠色和平於1971年在加拿大
成立，現在全球多國設有辦事
處。1971 年，抗議美國核子試
爆，逐漸地以阻止大氣和地下核
試和公海捕鯨，而讓世人矚目。
後來轉為關注其他的環境問題，
包括水底拖網捕魚、全球暖化、
基因工程。

　　該組織對全球環保貢獻多，
其成員奮鬥的精神讓禳欽佩。可

綠色和平組織

---

⑦ 電力供應可分三類：基載（日夜連續供應，約占三分之二的總電力）。中載（基
載之外，例如傍晚會用到的）。尖載（一天中只用到幾小時，特殊需要時會用
到，例如特別炎熱）。因為核能電廠費用大部分費用是在建造上，燃料費遠比
石化原料低，因此，應儘可能常利用，而用在基載上。石化燃料電廠費用的六
成花在燃料上，因此，晚上少用電時要關閉，而適用於中間負載；若缺核能電
力時，可以石化電力遞補（但不大適合當基載用，畢竟電廠費用不低）。太陽
能很適合當尖峰負載用，又因在日間產生，可當中間負載用。若油價太高則可
用太陽能彌補（避免讓國際油價要脅）。因為太陽能對環境的污染遠小於石化
燃料，又可騰出石化燃料做更佳應用，因此，應該儘量讓太陽能（而非石化燃
料）供應中間負載。至於充當基載，除非太陽能突破 2 關鍵項目（成本大降、
儲能電池成本大降），否則無法取代核能，而這在可預見的未來將一直如此。
台灣電力能源配比與負載考慮：夏日尖峰用電 3,000 萬千瓦當 100%，則冬日最
低用電 46%、台電目前基載機組 47%。考慮歲修與抽蓄調節，理想負載配比為
基載（核能、燃煤）70%、中載（燃煤、燃氣）20%、尖載（燃氣、燃油）
10%。

惜，他們有時感性有餘、理性不足，就如其成員摩爾（Patrick Moor）所說，該組織作為的科學根據有限，易讓民眾過度恐慌；例如，缺乏核子工程人才，反核文宣偏向最壞的設想，包括核能電廠遭逢Y2K問題（電腦在2000年出現問題）而引發災難。

台灣的環保人士往往引用綠色和平組織資料，但缺乏辨識「正誤」能力而套用在我國情況。2000年，行政院院長宣布停建核四時，手中秀出一張小孩照片，說是前蘇聯車諾比事件受害者，此無辜幼兒的影像相當具「震撼力」（這是反核者慣用「悲情牌」的範例）；在結尾時，張院長引用愛因斯坦的話「錯在敦促美國總統製造原子彈」，以表示停建核能電廠為正確決定。實情是，愛因斯坦雖然告訴鮑林（Linus Pauling），後悔建議製造原子彈，但是核能電廠和原子彈卻是「天地之差」，環保人士無力區別兩者差異，就塞給張院長該論調而他照本宣科，將兩者相提並論；何況，愛因斯坦支持原子能的和平用途，他曾代表「原子能科學家緊急事故委員會」（Emergency Committee of Atomic Scientists）在1947年受獎，表彰該委員會努力禁止核武，而且鼓吹「發展原子能為和平用途」。愛因斯坦對於多人擔心連鎖反應可能摧毀世界時，回答說：「若是，則持續射到地球表面的宇宙射線早就把我們摧毀了。」

7.「非核家園」

2001年2月13日，立法院與行政院共同簽署協議，要求

我國於未來達成「非核家園」之終極目標。「非核家園」內涵包含「終止核武威脅」、「檢討核能和平用途」、「強化再生能源」、「人道關懷與族群平等」、「拒絕核子污染」等面向。「非核家園」的宣示崇高堂皇，其實只是一件事「消除核能發電」。

　　行政院非核家園推動委員會所出版的《台灣的選擇──非核家園》，宣稱台灣是亞洲第一個宣布要建立非核家園的國家。（不知此「第一」的榮耀何在？）該書一開始即引用莊子的話「天地與我併生，而萬物與我為一」。不用核能則反應了莊子思維嗎？因為「大霹靂」創世後，宇宙開始核融

「非核家園」只是不解核能與輻射者的文宣

合等核反應，我們善用鈾（否則還是自然衰變掉）而非燒掉石化原料（留給子孫用在醫藥），再生能源貴而不穩定，不永續。

立法理由之一為「過去曾發生輻射異常事件，引起紛爭，且電磁爐、通訊設備、高壓電線等產生之非游離輻射所引起之健康影響，均應建立制度，採取防制措施。」可知，推動立法者害怕各式「輻射」，將游離與非游離輻射「雞兔同籠」地夾帶一起管制，難怪有人稱此為「偷渡條款」。電磁爐、通訊設備、高壓電線等產生之非游離輻射和核能毫無關係，居然也遭殃，只因環保者一聽到「輻射」就恐慌，以為「非游離」輻射也有類似鈾鈽的輻射效應。這又是個顯示反核者不了解相關科學知識的證據。

環境基本法第 2 條，並未提及何謂「非核家園」。若非核家園之概念可任意擴充，未來是否可任意以此條款為據，反對一切與核子應用有關之事務，如核子或放射性醫學，則「彈性十足」。其實，提倡者只是要去除「核能電廠」，至於其他的核輻射（包括核子醫學、天然輻射等），均被視為「非核輻射」。可知反核者旗幟堂皇，實則辭窮，硬將我國科技知識隨其恐慌「陪葬」。

九、名人與媒體的影響力

　　也許是「英雄崇拜」心態，民眾常受名人影響，難怪行銷衣飾香水的業者會找名人代言。名人的話深具影響力，我國國科會的科學展找女星林志玲站台，至於衛生署對抗香菸和檳榔也是找明星相助。

　　英國慈善組織「科學澄清」（Sense About Science）深知，名人所言「美麗動聽」卻缺乏科學根據，例如，美國女明星波利齊（Nicole Polizzi）宣稱「海水會鹹因為太多鯨魚精子」。類似地，美國「科學與健康委員會」推出專欄〈名人對上科學〉（Celebrities Vs. Science）以正視聽，例如，《紐約時報》社論作家克里斯多弗（Nicholas Kristof）擔心孕婦受到化學品影響[1]；氣質女影星派特洛（Gwyneth Paltrow）主張「羽衣甘藍與堅果」飲食，說對她多好[2]。

---

[1] 該專欄找毒物學家凱莉（Kathryn Kelly）澄清：但減少孕婦曝露於毒物的唯一方式為餓死，因為我們曝露於毒物的方式就是經由飲食，人類攝取的化學物，超過九成是自然的，而其中已研究過的超過半數為致癌物。這些毒物自然存在，而為植物自身防衛系統的一部分。這些天然致癌物存在於所有植物中，例如，香蕉、花椰菜、香菜。亦即，超市中幾乎每種植物具有天然致癌物。我們每個人的母親都是這樣吃，也這樣曝露於這些植物致癌物中。世界上的一些劇毒是天然的，例如番木鱉鹼（strychnine）、肉毒桿菌素。

[2] 但是營養科學家挈西（Bruce Chassy）澄清：名人的時尚飲食只是娛樂而未必合乎科學，其實飲食的重點在於組成，亦即適當比例的脂肪、碳水化物、纖維、蛋白質、必要微營養物。若主張某些特定食品，例如堅果則為不均衡的飲食，無法提供必要的營養成分。為何這些名人的飲食主張對她們有效？可能只是她們致力於出頭天，但誤以為特定飲食之助，其實她們的成就和盛名來自超常的成名動機和願意吃苦；和飲食無關。

1. 演戲：「中國症候群」

《中國症候群》電影宣傳單

美國電影《中國症候群》（The China Syndrome），台灣譯為《大特寫》，由著名影星珍芳達等演出，為 1979 年的驚悚電影，劇情主要講述美國的核電廠發生核燃料融毀，其洩漏的物質將穿過地心污染，直到抵達中國。電影上映十二天後，美國發生三哩島核電廠事故，該電影情節讓美國人震驚不已，因而對核能失去信任，甚而處處反對聲。

其實，早在 1971 年，曾參與曼哈頓計劃（製造原子彈）的美國物理學家拉普（Ralph Lapp）就提出「中國症候群」概念，意指如果美國的核電廠發生爐芯熔毀，灼熱的核燃料會熔解一切物質並貫穿地殼地心，直達美國「下方」的中國（位於地球相反端；不過，之所以認為美國下方是中國，只是當時西方世界錯誤的恐共觀點，實際上，美國的下方為印度洋）。

2011 年 3 月 12 日，日本福島核電廠核燃料發生融化、洩漏的現象，反核者即提出「中國症候群」危機。環保團體「綠色和平組織」（Greenpeace）警告[3]，融化後的核心會滲透至

---

[3] 摩爾批評綠色和平組織募款的來源乃建立在民眾對核能的恐懼心理上；例如，該組織決定支持「禁止飲用水加氯」，但是科學證據顯示那是利多於弊，因為氯氣清除水中致病源，例如，霍亂菌。該組織「缺乏科學知識」，而好用「恐慌術」行銷。

土壤，污染整個地下水體，而輻射蒸汽也會持續影響周邊地區，猶如電影《中國症候群》情節，亦即「日本核能電廠核燃料會穿地心，跑到地球另一端（大西洋）」。

2. 催逼台灣的名人

　　福島事故後，長榮集團董事長張榮發說，政府應廢核建水壩、金山設兩核電廠後基隆到淡水間的魚群都不見了。某立委說：「核能發電要保證百分之百安全，否則就沒有安全。台電卻為了替核電廠續命，規畫以乾式儲存槽存放廢棄物，忽略美國核廢儲存爆炸前例④。」

　　《時報周刊》專訪某作家，說她變身反核人士，「吃飯前，餐具用保鮮膜包覆，吃完再把保鮮膜扔掉，怕用水沖洗會有污染」，她宣稱「即使不發生核災，核電廠也不斷在放出輻射線，台灣的婦癌比率是亞洲之冠，不是偶然！福島嚴重污染……十年後將有一百萬人致癌。只要一次核災，台灣將遭到滅島危機。國際專家證實，接下來第一個最可能發生核災的地方或許是台灣。台灣有一萬五千束的用過燃料棒，相當於二十三萬顆廣島原子彈。隨便掉個東西壓到燃料棒，會導致其破損而出現核反應。核四若釀災，七百萬人將致癌死。台灣核一核二有祕雕魚、櫻花等都異常。車諾比核災而致癌死亡超過百萬人。台灣核電耐震係數只有 $0.3\,g$ 與 $0.4\,g$，

---

④ 台電公司澄清，美國當年核電廠乾式儲存槽爆炸的主因，在於存放廢棄物的燃料池水含有硼酸，在高熱之下接觸到金屬會產生氫氣，進而爆炸。台電乾式儲存槽放置的廢棄物，已放在冷卻池超過二十年，不會因餘熱導致爆炸。

連震度 5 的地震都耐不住⑤。村上春樹說如果日本人沒有對核能說不，是受害者也是加害者；長年反核的作家大江健三郎發起千萬人連署反核運動。三位總統候選人對廢核的立場都不清楚，大家都說愛台灣，我認為有核電就不是愛台灣的行為。」

某大學經濟教授說，台灣是全世界唯一首都緊鄰核電廠的國家，如果車諾比或福島核災發生在台灣，「台灣真的會滅國，不是危言聳聽⑥。」

反核的某基金會董事長揚言到核四廠自焚抗議，因核四商轉後早晚會出問題，早死晚死都要死；若不自焚就沒有決心反核，也沒人會注意反核訴求。如果能因此讓國人知道核能危險，個人生命事小，他已經活夠了，也會覺得很有意義。

某大學所長為文，認為核能電廠是隻大怪獸，福島災難比車諾比還嚴重。輻射污染與災難，即使上帝也無解。日本的核災，使全球都緊繃神經。如果地震襲來，海嘯湧入，核電爆炸，台灣政府神明要拿出什麼來保證？

---

⑤ 震度指芮氏規模，g 為地表重力加速度；核一與二廠以廠房基礎面（岩盤表面）耐震 0.3g 與 0.4g 為設計基準，分別可耐規模 7.3 及 8 之地震。2006 年 12 月 26 日發生於恆春地區地震（芮氏規模 7.0），造成核三地區測得 0.17g 為最大，但不論是恆春地震甚或九二一地震，核電廠測得最大震度，均與耐震設計之安全停機地震值仍有相當大餘裕。核電廠裝設有需自動急停系統，因此地震強度一旦超過設定之警戒值（約為安全停機耐震設計值的二分之一），反應器即會自動緊急停機。

⑥ 廣島與長崎的輻射劑量，在原子彈爆炸後一週內只剩一成，一年內即少於自然背景值。

某大學化工系教授表示，日本輻射「總有一天會到台灣來，只是時間和濃度問題⑦。」至少二年以上要進口產品輻射檢驗。

　　某名作家為文〈核電沒有「白吃的午餐」〉，提到「使我們的子女平安成長而無核變的恐懼……台灣民眾常去印尼峇里島等地旅遊，體驗的就是那種悠閒與恬靜」；又說〈大角鹿與核電廠〉，認為人類或將以「文明進化」毀滅了自己，福島核電廠造成嚴重的輻射問題，殃及鄰近各國，也給全世界帶來驚恐。他引述人類學家李亦園所說，人類發展科學技術，尤其大量興建核能電廠，可能會像北美洲大角鹿一樣，以「進化」毀滅了自己；人類發明核能，可謂已達臨界點（超負荷），結果會不會像大角鹿的命運一樣呢？

　　以上名人說辭超為媒體所愛，但實際上「溫情與幻想有餘，科學知識不足」。

---

⑦ 日本核災輻射外洩，亞洲多國陸續測得微量輻射，唯獨台灣未測得輻射質，弄得社會質疑。原能會「只好」提昇精確度，隔天（4月2日），原子能委員會首宣布測到了極微量的碘-131，有媒體揶揄原能會「露出馬腳」。其實，所測劑量約等於照一張胸部X光片輻射劑量的萬分之五，對人體與環境完全沒有影響；這樣的「有測到」，意義何在？但其所耗費的測量資源呢？其他能源與人生風險呢？可比照用同樣的「顯微鏡」誇大嗎？
類似地，2011月3月30日，香港議員痛斥天文台遲了一天才公布劑量，因中國已宣布在廣東沿海驗出日本排出的放射物。其實原因不是延誤公布，而是輻射量極微，要將測量時間由往常幾小時延長至二十二小時，以提升可靠程度；其劑量極低，市民要經二千四百年，才相當於照一張X光肺片輻射量。

2.1. 藝文總動員四三○反核

　　日本福島核電事故，導致國內「四三○向日葵廢核行動」，於 4 月 30 日示威遊行。媒體報導，藝文工作者自稱雖非能源專家，但要提意見：「我有三個小孩，所以我想核災是我們承受不了的，只要一個核災，我們台灣就完了。」另外，「歐巴桑論述」指「因為核能並沒有比較便宜啊，不是嗎？」《刺青》周導演表示，她十年前就曾在《輻射將至一烏坵》中拍攝烏坵廢棄物爭議，這次的核洩危機是個契機。《靈魂的旅程》陳導演表示，關心土地正義是場長期運動，他希望在自己這一輩能夠結束，不希望自己兒子十八歲時還在反核。《雞排英雄》葉導演說，日本驚傳海嘯時，片中蔡演員家就住在貢寮核四廠附近，他連忙打電話叫他們一家趕快逃命，從來沒發現災難其實竟如此迫在眉睫。視覺藝術協會帶領視覺藝術家，製作「廢核小黃傘」，並鼓勵大家當天攜帶自製反核小黃傘。組歌手與樂團，則將以電音卡車與街頭搖滾派對沿途放送熱情。遊行中，一些母親一手推著娃娃車、一手拿著向日葵，純真的孩子搖晃著象徵乾淨能源的風車，在馬路上快樂跑跳；希望透過溫情手段，呼籲國家重視孩子們的未來。

　　這些訴求的「情景」是很溫馨感人，但這些母親和孩子瞭解核能科學嗎？或他們只是被慫恿而上火線？

　　2000 年，媒體刊出〈只要核子、不要孩子〉文章，提到「車諾比核能電廠事件的死亡數千。在我們美麗的土地上，

卻有三座核能電廠，像不定時炸彈一樣，隨時威脅著我們的生存。」作者認為「台灣核能電廠＝前蘇聯車諾比核能電廠＝不定時炸彈」。反核者發動遊行，口號是「要孩子、不要核子」，將核能發電簡化成不要後代。11 月 8 日，在八位孕婦肚皮上各貼「非、核、家、園、安、居、台、灣」；這八位準媽媽真的瞭解核能發電與輻射科學嗎？2006 年 4 月 22 日，環保聯盟聳動地找女學生裸體拍反核短片（似乎不擇手段）。在某一記者會，一位七歲小朋友一一握住每個人的手，輕聲細語的說「要孩子，不要核子；廢核四、保平安」（純真無邪即被灌輸反核知識）。

民眾被誤導而出現搶鹽潮。通霄精鹽廠表示，這是設廠三十六年以來首次出現搶鹽潮。其實，碘鹽不是輻射解藥，吃多了會中毒，會造成甲狀腺亢進、低下、心臟衰竭等困擾。

民眾不解科學又受到誤導，弄得自傷實在可憐。

3. 媒體揉捏民眾認知[8]

加拿大多倫多大學前教授麥克魯漢（Marshall McLuhan），被稱為「傳播怪傑」和「媒體先知」。他主張媒體即是按摩，因為媒體能「使人全身發揮作用」（洗腦、感受、感動），有如經過按摩一般。人類的認知相當有彈性，就看我們經常曝露於何種資訊中。1974 年，美國報業大亨孫女派翠西亞（Patricia Hearst），生活在「資本主義」中，遭

---

[8] 警察大學某教授投書媒體提到專家說：「警察做了什麼是一回事，但媒體說警察做了什麼才更重要。」（2011 年 9 月 22 日）。

「共生解放軍」綁架，後來參與該組織搶劫銀行。她原為綁架案受害人，卻被洗腦而認同綁匪行為。

異曲同工的是，德國納粹宣傳部長戈培爾的名言「謊言重複千遍就成真理」。我國成語有「曾子殺人」（以曾子之賢，母之信，而三人疑之，則慈母不能信），可知傳言的威力。如果媒體經常刊登誤導的新聞，民眾長受此「洗腦」，社會不瀰漫核能輻射恐慌也不容易啦。

3.1. 媒體重娛樂

民眾常從一般媒體學習科技知識，但如電機電子工程師學會射頻安全主席周重光所言，媒體報導與科學報告不同，媒體報導通常是不經提供資料者或其他專家評審的，有異於科學出版的嚴格評審過程。媒體主要是焦點報導而非權衡整體科學證據的報告。由於媒體特性是偏好有新聞性的故事，常有未被評審的研究結果或所謂的「專家」論點在報刊上發表，造成許多不必要的恐慌。媒體誤傳卻又特別迅速，隨後的更正或實驗無法重複的事實卻上不了新聞，或是刊登的版面很小。久而久之，負面的資訊就停留在人們的腦海裏而導致無謂的憂慮。

不幸地，公眾都是從媒體而不是從科學報告獲取知識，這些負面的資訊只會加深憂慮和爭辯，有些人因為相信有害新聞而積憂成疾（「反安慰劑效應」）。更糟的是，有些政府官員竟然使用媒體的資訊，做為政府決策或制定標準。累積的媒體誤傳是民眾恐懼的來源。科學家要秉承道義和責任，

只將「被證實的」資訊通過媒體報導給公眾，絕對不要誤導媒體。

3.2. 「世界末日到了！」

2011 年 3 月 22 日，媒體標題「我新聞台日本震災播不停，被批太聳動，民質疑引發恐慌，投訴 NCC」。原來是，國家通訊傳播委員會接獲八十封檢舉函和二十幾通電話，其中三十九件認為媒體報導內容太過聳動引發恐慌，還有電視台形容「世界末日」嚇到民眾⑨；另有八件指出新聞台誤把「氫爆」報成「核爆」。

4 月 4 日，媒體標題「恐慌失眠，東京人快被壓垮」，日本大地震使東北災區民眾承受沈重精神和身體上的壓力，就連沒有直接受害的東京首都圈都傳出震災後遺症，許多原本患有高血壓、失眠或憂鬱症的病患病情惡化，且成人患者比小孩多，女性和高齡患者又比男性患者多。曾遭遇阪神大地震的精神病患，看到這次災情，回想起當年慘狀，恐慌到病情發作。許多病患上門表示精神不穩定，有強烈的不安感，原因主要是餘震以及電視新聞不斷重覆播放悲慘的影像⑩。

福島核能事故後，我國媒體樂於引述相關刺激人心的軼事。例如，《財訊》雙週刊報導〈聞災色變，核電會被打入

---

⑨ 彰化一位婦女疑似看了電視媒體不斷的播放災情後，突然像中邪般不斷地高喊著「世界末日到了！」（2011 年 3 月 15 日）。

⑩ 日本福島有三名工作人員疑遭污染，我國媒體說這些福島壯士恐有截肢之虞，但實際上，經過放射線醫學專業醫師診斷後發現，他們的雙腳連一般燙傷的紅斑都沒出現，對健康應沒影響。

冷宮？〉，一開始即說「一次又一次的在電視螢幕上目睹白煙自日本福島核能電廠升起的畫面，世人對核能發電的潛在恐懼亦如火山爆發」；「除非台電有絕對能力應變……否則四座核電廠建得再安全，台灣民眾也不安心」。《天下》雜誌刊文「日本人幾近滴水不漏的天災防備體系，在這次『規模 9.0 地震』的考驗下，被核電廠爆炸熔毀了」；「全球最危險的三座核電廠，台灣占了兩座」。

一般媒體喜歡慫動，又不向專家求證科學事實。

4. 科學（而非愚昧）引導人生

1977 年諾貝爾生醫獎得主雅蘿（Rosalyn Yalow）表示，媒體和一些活躍份子鼓吹輻射恐慌，結果呢，婦女不敢去作「乳房 X 光檢查」，即使它是早期偵測最敏銳的方法，而乳房癌是婦女死於癌症的首犯[11]。另外，紐約一位民意代表提案禁止「所有放射性」過路。他不知生物都有放射性，而且鋪路材料也含放射性。如果該法案成立，則不必路了，因為大家

1977 年諾貝爾生醫獎得主雅蘿（Rosalyn Yalow）

---

[11] 我國每天有二十五名女性罹患婦科癌症，而乳癌是國內女性癌症發生率第一位；在亞洲先進國家中，我國乳癌發生率以及死亡率排名第二，僅次於新加坡。近十多年來，乳癌發生率上升 87%，死亡率上升 10.3%。相較於歐美國家，台灣乳癌個案年齡較為年輕（多為五十歲以下），早期乳癌（一期）的發生率低於歐美，多因我國女性未普遍進行乳癌篩檢，以進行早期診斷所致。

都不可以過，甚至路也不可以舖。若要科學（而非愚昧）引導人生，實在需要了解「無害、可忽略的放射性」的觀念[12]。

因為民眾過度害怕輻射，連放射醫學診斷與治療也被波及，使得民眾減少診治、醫護人員怯於操作。在某大醫院，兩成甲狀腺亢進患者拒絕放射性碘治療；而使用較不經濟的療法，導致時常復發。

美國國家工程院院士與物理學會核子物理組主席科恩指出，記者和職業作家多次採訪他，他們對瑣事興趣盎然，但對重點則不以為意。他們給他的印象是探求嚇唬民眾的個案；他們要求有趣的故事，但忽略科學分析。另外，一些「邊緣」科學家好談核能事宜，但他們缺乏正確輻射科學知識，發表偏差資訊，卻成媒體寵兒，而媒體往往更誇張地傳播給民眾。

4.1. 越聳動越有賣點

他曾統計美國在 1974～1978 年間，每年平均的美國新聞報導，結果，死亡五萬人的車禍被報導一百二十次、死亡一萬兩千人的產業事故被報導五十次，毫無喪生者的輻射意外則被報導二百次；可知媒體特別關愛輻射。1976 年，美國肯塔基州有處廢棄物處理場（Maxey Flats）露出些微輻射，低於

---

[12] 異曲同工的卓見是，美國加大生化教授兼國家科學院院士愛姆斯（Bruce Ames）指出⑴烹煮食物產生數千種化學物，但我們還是烹煮，因其效應大於風險。⑵我們吃的化學物中九成九是天然的；例如，我們吃的殺蟲劑（pesticide），其中九成九為植物抵抗昆蟲與外敵的天然化學物；其中過半為可能致癌物。我們的飲食中，大約有萬種天然殺蟲劑，其量遠高於農藥。蔬果中的農藥量遠低於天然殺蟲劑，但因害怕農藥殘餘，人們致力於消除農藥，這將使蔬果更昂貴、使人吃更少蔬果，結果導致更多癌症。

1 微西弗，引發媒體大肆宣染，例如，1976 年 1 月 18 日報紙《華盛頓星報》（Washington Star）報導：「放射性廢料污染全國的空氣……」。結果，美國能源研發署（能源部的前身）署長在國會提預算時，前二十五分鐘花費在解釋該事件；在國會中，主掌核能管制的議員說該事件為「世紀難題」，科恩請他想想，國會員工受到國會大廈建材花崗岩中的鈾輻射量遠大於該處居民所受的量，這位議員才悻悻然閉嘴。

大約同時，紐約州一處廢棄物場溢流水輻射劑量 0.3 微西弗，電視播放當地婦女說輻射使得溪水便濁；農夫抱怨牛受到輻射而生病。實情是，該電視台早已收到通知溪水變濁是因附近挖土工程所致；而該牛生病之因是缺銅與磷，獸醫已經診斷過，後來用藥後痊癒。

肯塔基州某低廢棄物場釋出劑量 0.001 毫西弗，費城某報連續三天系列標題「輻射波及全美國」、「核墳墓糾纏肯塔基州」、「無處可躲」。

4.2. 科學陣營分裂？那去問美國國家科學院

為何電視喜歡報導輻射，也扭曲輻射風險？因為電視的主要目標在娛樂，而非教育。電視又是民眾科學教育的首要來源。電視台自行決定要報導什麼，因此會自行判斷科學議題。美國工程院院士科恩表示，對於輻射的風險，媒體認為科學陣營「分裂」，亦即，有不同意見；但電視台不知美國國家科學院委員會一致的意見，應比一位非主流科學家的意見更值得重視。但電視台並不那麼想知道科學家的意見，他

們要的是能引起觀眾有興趣的故事，因此，輻射危機聳動的故事「正中下懷」。美國「保健物理學會」（Health Physics Society）和「輻射研究學會」（Radiation Research Society）的會員大多數同意民眾對輻射的恐懼感偏頗、電視報導輻射的危險太誇張。

美國電視曾報導一對可愛的雙胞胎，罹患基因缺陷疾病「賀勒氏症」（Hurler syndrome），也描述他們面對的困境（五歲前會盲聾、心肺等器官出問題、約十歲病逝），又報導其父親曾短期從事輻射方面工作，他告訴觀眾一定是輻射所致。其實，他在職業上所受的輻射總劑量只有 13 毫西弗，比他結婚生子時所受自然輻射總劑量的一半還少（賀勒氏症是體染色體隱性遺傳疾病）。

全世界隨時隨地均可能出現畸形生物或癌症，但不能缺乏證據地將之歸罪於輻射。

4.3. 為何核能電廠常有事故？因媒體喜歡報導

因為媒體常用最大倍率的放大鏡檢視核能電廠問題，結果民眾就認為核能電廠常有安全事故。另外，只要核能電廠「有事」，不論是電線斷了或加熱器壞了，均被媒體標為「核能事故」，因為來自核能電廠。相關的別廠事故（例如，2011年法國核燃料再處理廠事故），其帳也算在核能電廠頭上。全世界諸多核能電廠，任一廠有事情也讓國內媒體「多記一筆」，而國人「多憂心一點」。相對地，其他發電廠的事故沒人有興趣，媒體也知道民眾不在乎，為了銷售業績，媒體

就沒意願報導。

核能電廠若有問題當然要解決，而核能科學界已有多年經驗。其實，各式技術問題若沒處理妥當，是有可能發展成安全事故，例如，汽車的潤滑油見底，而讓車子困在平交道中，這就成為安全問題。但是油量容易在儀表板上看出，也有警告燈號；缺油導致摩擦噪音足以讓駕駛及早注意到問題。通常人們不認為漏油是安全問題，但卻會導致麻煩、高額修理費、重傷引擎。但在汽車安全清單上，還不是上位項目。如果「漏油」問題艱深難解，則媒體大為宣傳其麻煩，將讓「汽車卡在平交道」的景象嚇壞許多民眾。

4.4. 家家有本難念的經

2004 年 8 月，日本一座核電廠蒸汽管破裂，四名員工喪命；這場「核能」事故本身其實與核能無關，卻成為世界頭條新聞。才不過二個星期前，比利時一條天然氣輸送管爆炸，二十四人死亡，一百三十多人受傷，可是除了比利時本國，這件事幾乎無人注意。

2007 年 8 月日本發生中越地震之後，NHK 的不當報導，以及非常多媒體的煽動性報導，以商業、吸睛效果取向，嚴重誤導閱聽大眾。報導中指出柏崎刈羽電廠外洩的輻射劑量高達 90,000 貝克（自然背景值是 7,000 貝克）。週刊現代的標題，「急性死亡將達二十萬人」；週刊醒日的標題，「死之灰的戰慄」。次日，法國媒體報導中越地震震度強大，但是機組受害輕微，有輕微輻射洩漏，但對環境無影響。資深網

路委員會在中越地震之後組成「考量核能報導委員會」，糾正媒體不實報導，抗議誤導行為。

2008 年 12 月，日本非營利組織「ENERGYNET」理事長小川博巳表示，日本文部省未將能源教育納入學習綱領，教職員團體卻放入反核議題，造成學生的認知偏差。放射性方面的教材則如車諾堡事故、原子彈爆炸等負面內容，缺乏輻射方面基礎教育。原子力學會呼籲文部省針要改善。

4.5. 熱情捐輸助日本

地震與海嘯、核電廠事故等重創日本，韓國和中國熱情捐助；但是日本農產品等卻受到中韓國民「歧視」，認為具有高輻射會傷人。

2011 年 5 月，中日韓舉行領袖高峰會，中日韓元首同往探視災民，並公開品嚐災區蔬果。日方希望藉此領袖會議，向世人展示日本食品安全的信息。

福島核災後，許多國家紛紛限制日本災區產品，這對受災日人無異雪上加霜。雙邊會談中，日相希望中韓放寬對日本農漁產品等的進口限制。

中日韓共同宣言的附屬文件「核能安全合作」中，除了核能資訊公開及分享外，也強調「當發生核能意外時，以科學證據為基礎，進而審慎地採取有關產品安全的必要措施」十分重要。

諸如台灣媒體一再報導日本農產品受輻射污染，但是三國元首親身明示不然，我國海關檢驗也是「還他清白」。台

灣捐款全球第一，民眾超善良，非常「幫助」災民，但那麼害怕日貨（丟棄或浪費農產品？），卻是「傷害」災民。說來說去，民眾對輻射的錯誤恐慌是源頭。

5. 不理性恐慌的傷害遠大於輻射的

2011 年 3 月 22 日，於日本進修的王律師為文指出，台灣媒體說機場檢驗「揪」出遭輻射污染旅客，真不知這些旅客做了什麼天大的壞事，必須被「揪」出來。「超量」、「化學兵進駐機場」等駭人的標題充斥版面。有人看了眾多報導之後，感到噁心、想吐。總之，對人的身心所能造成的影響，媒體的威力遠勝福島核電廠。

2011 年 3 月 30 日，原能會前主委蘇獻章為文指出，電視名嘴把輻射形容得像世紀巨毒，把風險無限擴大，好像只要碰到輻射，就必死無疑！弄得人人自危，爭相搶購碘片、食鹽或海帶等含碘食物，以求自保。國內機場的輻射污染篩檢，可能只是身上表面的頭髮、衣物或鞋底沾到輻射，協助去污者大可不必全副武裝，又是面具又是全身裹得緊緊的，徒然增加恐懼感。

2011 年 4 月 15 日，名作家陳文茜為文提到，她的母親看著媒體報導核災污染海水，開始想囤積水。她擔憂近日腸胃不好，是否多食了來自日本的深海魚。報紙標題寫著「日本核災輻射，週三可能抵台」，儘管副標題標明對人體健康無虞，但大小字體差距豈止十倍。

國內某「資深政論家」為文〈反核就是反不測風險〉，

認為全球沒有比核外洩及核污染更大的風險。

總之，「媒體連鎖反應」導致恐慌連連，可說媒體的污染傷害遠大於實際情況。

6. 眾口鑠金：為何將核能逼上絕路？

世界上，一些環保組織缺乏正確的科學知識，使用末日情景等「恐嚇戰術」。台灣的某環保組織以女生裸體企求上媒體版面、孕婦露肚子貼反核大字報、推無知幼兒綁情緒字眼布條上街頭，在在均為贏取版面與人心的招數。

他們志在「贏」，因此「不擇手段」。

「民意如流水」，容易受到媒體與偶發事件等的柔捏。名作家南方朔曾為文〈不要問「社會觀感」，要問「良心觀感」！〉，提到有責任心的人必須對自己負責，不會為了顧及個人面子或政府咸信等理由，而延宕錯誤的改正；若心中無尺，要等到民意反彈（影響到選票？），才以「社會觀感」為名而更改。當官的心中無尺[13]，逼得老百姓形塑「社會觀感」，這樣的社會怎麼安靜得下來？這也是他每次聽到「社會觀感」就感冒的原因。

2009 年 7 月 24 日，某媒體整版報導可能核廢棄物場址，一是說台東達仁鄉，其反核廢聯盟反對到底，聲援蘭嶼已為全國背負了多年的核廢共業，憑什麼逼迫他們繼續接手？場

---

[13] 官員首要之務在回應民意，若民眾害怕輻射遠甚於車禍，政府就會投入大量資源處理輻射，而非交通安全設施等，結果，我國每年車禍傷亡數目甚高，但未有輻射傷亡者。

址設在地震頻繁斷層帶、原住民排灣族傳統領域上，是既危險又不公義、不道德的政策。接著，另一可能場址是澎湖縣望安鄉的東吉島，自從傳出此訊息後，一些村民表示「若每人拿幾百萬元就支持」，而不少人將戶籍遷回東吉。

7. 攻擊稻草人術

指設立「稻草人」（想像的目標），然後攻擊它；例如，質疑「使用核能就可『一勞永逸』地解決所有全球暖化問題嗎？」或是「擁核者說核能電廠『絕對』安全」，均為陷人於不義的圈套。

另一形式的稻草人戰術：反核者缺乏核能與輻射科學知識，講不過對方時，就冠上「專業傲慢」和「冷血無情」之類的標籤。例如，2000 年核四再評估時，L 教授表示，「指責行政院長資訊錯誤而停建核四，無異於專業獨裁」、「前蘇聯核電事故死亡上萬人的資訊沒寫在專業報告上，但卻是無法否定的事實。核災的認定並非因果論而可列入專業報告中，這是核能科技詭異的特質與冷酷！它需要的是人文關懷的溫暖與補救，而非專業驕傲的堅持與忽視」。亦即，對手就是黑心、不顧民眾生命、缺乏同情心；因為對手講「理」不講「情」；總之，反核者「贏」就是。

十、民調與輿論

民主政治需要民眾意見，但多元化社會的民意越來越紛雜，執政者面臨「父子騎驢」困境（順了姑情，逆了嫂意）。反核者既團結又強勢（部分人自認受害而奮戰），官員無力阻擋，主因為民調與媒體受到反核氣勢影響。但對於科技議題，民調可靠嗎？媒體可信嗎？

1. 民意如用字

美國智庫「公眾議程」（Public Agenda）和慈善團體「拉斯克基金會」（Lasker Foundation），在 2001 年 6 月舉辦「研究幹細胞」的民調，他們深知問題的描述方式影響答案，例如將問題分用涵義截然不同的兩方式詢問：

⑴幹細胞是人所有組織與器官的來源，活胚胎在發育的第一週就被破壞以取得幹細胞；美國國會正在考慮是否資助人胚胎幹細胞的實驗，你支持或反對使用納稅人的錢從事這些實驗？

⑵有時候輔助生育的診所培養多餘的受精卵（又稱胚胎），沒用在婦女子宮中孕育，這些超額胚胎就得丟棄，或是由當事人捐給醫學研究（稱為幹細胞研究）；有些人支持幹細胞研究，認為這是尋找許多疾病療法的重要作法，也有人反對因認為這是錯的；你支持或

反對幹細胞研究呢？

上兩問題雖然意思一樣，但遣辭用字（語氣）幾乎相反，結果，第一個問題有 24% 支持，第二個問題則 58% 支持。

上例顯示民意受到用字影響的「可塑性」，使用正面字眼（不但廢物利用，而且胸懷救人道德大志）與負面字眼（暗示犧牲活胚胎以滿足科學家實驗作為），則民意大不同。

又有美國廣播公司民調：「聯邦政府資助醫學研究，你認為醫學研究資助應該或不應該包括幹細胞研究？」回答應該者占 60%，而不應該者 31%。但是同時地，大多數人說沒注意或瞭解此問題，因此，上述民調很可能只是民眾一時興起的回答，多數人還弄不清幹細胞為啥物？因此，這樣的民調可當決策用嗎？

1.1. 問道於盲

也許歐美調查民意者比較用心？約在 2000 年，美國和歐盟舉行民調，探尋民眾對生物技術的觀點，問卷同時也探知回答者的生技知識。例如，問題之一是「一般蕃茄不含基因，基因改造蕃茄才含基因」，結果只有四分之一的民眾回答正確（亦即答案為否）。這讓專家懷疑，到底民眾懂不懂生物科技？民眾對生技的觀點可當科技政策依據嗎？（國內的民意調查者似乎從未探究過答覆是否受到「無知導致恐慌」的影響？）

試想，街頭示威者失聲力竭地高喊反對基改蕃茄（其實可能不懂基因是什麼），政府能當真地因而立法反對基改蕃

茄嗎？

接著，另一問題是六種科技「在二十年內將怎麼影響我們的生活：改善、無關、弄糟？」結果，基因工程在「改善」方面得到次低，在「弄糟」方面則次高。同時地，在問題「不知道／拒絕回答」方面也次高。

為何民眾對基因工程的評語不佳？是因民眾不瞭解它嗎？

1999 年，在正式學術研討會上，一位國內的哲學教授談基因工程的倫理思考，但他分不清「試管嬰兒、複製、基因工程」；在他的認知裡，均為同一回事。到底他了解科技與否，是否有關係（總是可質疑該科技的倫理問題）？若該哲學教授不懂科技，國家科技政策還是要聽他的話嗎？

1.2. 誰在操縱民意？

媒體經常發表各式民調結果，正反雙方均宣稱獲得多數民意支持，這就讓人無所適從了。

若要細究民調的可靠度，就需問問「誰做的調查？誰付費？為何而做？訪問了多少人？如何挑出受訪者？受訪者的職業、社團、住處等背景知識？何時訪問的？如何訪問的（電話、面談……）？問題的遣辭用字中立嗎？如何排序的？別人或同儕的類似民調結果呢？

民眾的意見往往和己身利益攸關的，例如，事不關己則隨便回答，但是一提到要加稅或自己付費，則贊成者的比例通常大大降低。民意不是靜態的，因此會出現「民意如流水」

的說詞。

　　戲法人人會變，但是有些人深諳操縱之道，例如，使用帶情緒色彩的字眼。敘述隱含「所有」，其實只是「有些」。以簡化觀念或口號宣稱、引喻失義的類比、隨便貼標籤或扣帽子。

2. 科學議題：以民調當政策？

　　自 1973 年以來，歐盟一直透過歐洲指標（Eurobarometer），針對不同公共議題進行大規模民調，做為政策制定的重要參考。2005 年曾有「核能」民調；2008 年再做一次，採面對面方式進行，共訪問 26,747 名十五歲以上的民眾。由問卷第六和七題（核能知識）可知民眾不見得正確瞭解相關知識，則民調可當科技政策依據的考靠度多高呢？

　　由上結果，可知許多人不瞭解輻射科學，則其支持與否的可靠性要打個折扣吧？

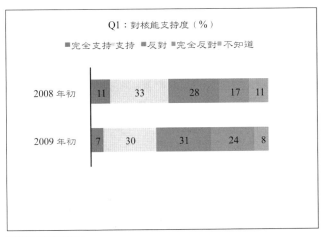

歐盟民調問題之一

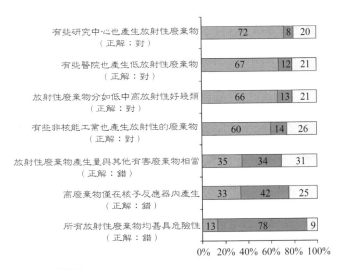

歐盟民調問題之二

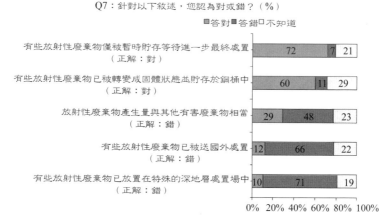

■答對 ■答錯 □不知道

有些放射性廢棄物僅被暫時貯存等待進一步最終處置（正解：對）	72	7	21
有些放射性廢棄物已被轉變成固體狀態並貯存於鋼桶中（正解：對）	60	11	29
放射性廢棄物產生量與其他有害廢棄物相當（正解：錯）	29	48	23
有些放射性廢棄物已被送國外處置（正解：錯）	12	66	22
有些放射性廢棄物已放置在特殊的深地層處置場中（正解：錯）	10	71	19

0% 20% 40% 60% 80% 100%

歐盟民調問題之三

3. 英人：沒懂到足以提出意見

2009 年 12 月，英國核子產業協會委託年度民意調查顯示，英國民眾對於替換核能機組政策支持度仍高，但大部分的民眾，尤其女性，仍表示對於核能一無所知。

33%的受訪民眾贊成核能、20%不贊成。是否要興建新機組以替換舊機組時，43%贊成、19%反對。49%整體民眾自認「我對核能瞭解的不夠清楚，不足以發表意見」，而有 58%的女性有以上看法。53%的男性支持核能、15%反對；僅有33%的女性支持、22%反對而 44%無意見。27%的男性表示對於核工業「一無所知」、45%表示「稍微」瞭解。而女性有41%「一無所知」、43%表示「稍微」瞭解。跟 21%的男性相比，僅有 8%的女性表示對核能產業「還算」清楚。

49%的民眾承認，他們對核能沒有瞭解到足以提出個人意

見。當被問及「你很想知道關於核能的什麼事情嗎？任何事情都可以」時，約有同樣人數的民眾表示無法回答。

《世界核子新聞》（World Nuclear News）分析指出，某些核能反對者對核能所知甚少，且沒有可以評估核能的知識基礎。很少有人會主動尋找跟核能有關的資料，會這麼做的幾乎都是男性。男性族群當興趣相當濃厚時，會參考、比較各種資訊來源，以形成個人意見。但這麼做卻有瑕疵－男性有可能會因資訊來源不明和未正確解讀資訊，導致做成錯誤評判。男性較趨於將風險和優點作平衡，以達到評估目的。而女性，另一方面來說，則會傾向規避任何風險。民調結果顯示，英國政府目前最需要做的，就是導正民眾對核能基本的誤解。對於覺得沒有足夠資訊可以讓他們支持核能的人而言，他們的基本立場就是反對。亦即，「資訊空白」常由社會事件產生的疑慮和恐懼填滿。

4. 正確科學先於政治決定

2011 年 10 月 31 日，媒體登出中研院社會所某研究員投書〈「盼漸減核電」馬如何回應？〉提到，10 月底馬總統將對台灣的能源政策做出重大宣示，又說中央研究院社會學研究所 2011 年 6 月間進行的「台灣地區社會意向調查」，顯示民眾對於如果電力不夠，核一與二廠在達到使用年限以後仍繼續使用的問題，持不贊成的態度；另外，有六成二的民眾擔心核能電廠會發生事故；不信任政府核能政策的民眾總計也達到六成；民眾對於未來核能政策的看法，以尋找替代能

源，慢慢減少核能發電比例，到完全不用，占絕大多數。

　　該投書會影響政府的決策嗎？因為若受訪民眾不瞭解核能科技，如何拿他們的意見當政策的根據呢？這和「公投」類似，一人一票，不管是否正確瞭解核能發電，「權重」一樣，這對科學議題實在不「公平」；民調者要慎思「要不要建設公園？」之類（平易通俗，婦孺皆懂）的問題，方適合一般民調嗎？

　　約在 1998 年，《聯合報》公布民調，標題為「台灣蓋核電廠，反對者創新高」，民調內容為 46%贊成、32%反對。但是受訪者中，有 23%不知道台灣有核能電廠。（到底有多少人瞭解核能發電的科學？）

　　總之，英國人有一半自認對核電沒懂到足以提意見，我國人呢？像我國媒體名嘴對每件事都敢提意見嗎？若有四分之一的國人不知道國內有核電廠，則國內民調當做核能科技政策的可靠度如何？

4.1. 媒體反對聲音一面倒

　　2011 年 11 月 3 日，總統宣布核電廠的規畫「三大原則（確保不限電、維持合理電價、達成國際減碳承諾）下，核一廠至核三廠不延役，若核四能在 2016 年前穩定商轉，核一將提前除役，每四年會通盤檢討能源狀況」。

　　結果，媒體一致只呈現反對的意見，尤其是反對黨和非核能專業者，例如，反核的某縣長說核四廠若發生災害，當地一百年不能住人（但核四所在地鹽寮反核自救會會長表示，

核一、二、三比核四廠還穩定）。立委候選人說，馬總統不要用缺電來嚇台灣人。「瘋綠電行聯盟」說，全台每人每月只要多付不到新台幣七至二十元，台灣就可以永久擺脫核災的威脅；又要求總統參選人公布核能政見讓民眾選擇；站台的名作家施寄青說，台灣有很豐富的太陽能、地熱、洋流、潮汐，都可以完全替代核電；另一名作家批評說，台電把民眾當成青蛙，用便宜電價「慢慢煮」，讓民眾不知大難即臨。台中某醫師說，核四安檢尚未完成，不宜擬訂商轉時間表。某媒體社論說節能減碳作法，隨手關燈與關冷氣是小把戲。經濟部說減核後以天然氣穩定供電。

2012 年 1 月 20 日，我國能源局澄清媒體「臺灣廢核條件世界第一」說辭：我國電力屬孤島型電力系統特性，受限於四面環海及 99%以上能源依賴進口，一旦面臨電力供應短缺情形，並無法由其他國家進口電力及時因應，因此我國在規畫電力供給必需比其他國家更審慎。歐陸地區彼此間可藉由電力聯網系統與其他國家相互聯結，如有電力需求時，可與其他國家互通有無。而我國在無法與其他地區相互支援之發展限制下，需重視多元化以確保能源供應安全。目前核能機組在我國電力系統負載特性中擔任穩定供電（基載電力）角色，其 2010 年發電量占我國總發電量比重達 17%；此一較高發電量占比純粹因維持穩定供電因素使然，而非台電強迫大家多用核電。現在若減少核電，不利北部供電穩定，也加重南電北送的負荷。

4.2. 福島事故傷及我國

為因應總統指示，經濟部擬提高天然氣發電比重，屆時電價將上漲。

我國新能源政策以天然氣擔重任並非上策，增加燃氣發電會增加船運及採購風險，燃氣雖有十三天安全存量，但至夏季時往往只剩 7.5 天，加上國際行情難以掌握，無法隨時增加長約供應量；一旦遇颱風無法入港，很容易面臨斷氣限電危機。

核電成本穩定，較不易受到國際能源價格波動的影響。2003 年，台灣電力公司核能、燃煤、與複循環（以天然氣為燃料）的發電成本分別為每度 0.66、0.83、2.20 元。2004 年起，燃煤與複循環的發電成本，受國際化石燃料價格飆升的影響，逐年上漲；2008 年核能、燃煤、與複循環的發電成本分別為 0.62、1.87、3.54 元。2003 年台電稅後盈餘為 242.8 億元；2008 年台電稅後虧損為 752.2 億元。使用核能發電能降低國際能源價格波動對經濟發展所帶來的風險。

台灣目前三座核能電廠的折舊成本已經非常的低，故總發電成本亦較低。如果放棄使用，將大幅增加台電公司的營運成本。以核一廠為例，核一廠兩部機組（總裝置容量為 127.2 萬千瓦）停機一天，將減少發電量 3,053 萬度電，若以天然氣複循環機組取代，將增加購買天然氣的支出 9,500 萬元，一年下來就足二百多億元；如果二個都不延役[1]，一年兩

---

[1] 美國核能電廠的使用執照時間通常為四十年，但因設計與建材其實耐用甚久，1998 年開始陸續有核電廠向核管局提延長運轉期限申請，至 2009 年 10 月，已有五十四部機組獲准延長運轉執照二十年，其中與我國核一廠同型機組者計十部。

要上千億元。

　　台灣使用核能發電已有超過三十年的經驗。台灣三座核能電廠提供了穩定且價格穩定的基載電力供應，減少台灣對進口化石燃料的依賴，協助台灣度過第二次能源危機與多次的化石燃料價格飆漲。2009年台灣電力系統的平均發電成本為每度2.03元。與發電平均成本相比，核電2009年為台電節省了五百六十億元的發電成本；核能發電為台灣減少了3,354萬噸的二氧化碳排放，占2009年全國總排放的12.1%。2009年NEI（Nuclear Engineering International）評比，台電公司核能電廠的運轉績效，全球排名第四，僅次於芬蘭、荷蘭、與羅馬尼亞。前三名的國家，其核電機組的數目與規模均低於台灣。

4.3. 法國的核能政策

　　核能對於法國能源政策所訂定的三項目標有決定性的貢獻：(1)確保國家能源能獨立並且安全地供應；(2)有效防止溫室效應；(3)確保電價穩定且具有競爭性。

　　多年來，法國有計畫地推動核電，不但發電量高占總供電近八成，還賣電給德國②，核電技術及核工業更是全球龍

---

② 2011年6月7日某媒體談論「核電弔詭：德國不要法國要，都是民意決定」，提到日本福島核災搖撼核電形象，各國紛紛檢視核電政策，德國更率先宣布2022年廢核；法國態度則與德完全相反，民眾支持政府繼續發展核電。2005年，德國基民黨勝選，梅克爾上台，基民黨傳統上支持核電、核工業，去年9月梅克爾政府甚至還一舉批准十七座核電廠延役十二年。福島核災後，梅克爾一改立場，宣布2020年廢核（註：德國政府宣布廢核卻改變的反覆宣布，已發生過幾次），外界多認為是選票考慮，基民黨去年以來地方選舉幾乎每戰皆敗，梅克爾因而選擇轉向德國的廢核民意。若德國於2020年關閉所有的核電廠，估計每年將額外支出約二十億歐元（新台幣八百四十億），將更仰靠從俄國進口天然氣。德國這樣子更環保嗎？

頭。源頭是 1973 年第一波石油危機，法國深受衝擊，決定掙脫高度依賴進口化石能源的困局，政府著名的「四個○」說帖，凸顯出法國石油、煤、水力、天然氣的能源蘊藏匱乏「都是○」，讓民眾做決定，是要繼續依賴不穩定的進口能源，或者發展核電為「準自產能源」。「四個○」的溝通打下法國成功發展核電的基礎，更關鍵的是，近四十年來法國能源當局沒有鬆懈過溝通，國營電力公司持續每年邀請十萬民眾參觀各地核電廠；網路資訊透明，隨時可以查到鄰近核電廠運轉資料，讓核電廠不再神祕。2011 年 3 月日本福島核災，但法國的民意支持核電的比率沒有減少。

核能供應全法國八成的電力，法國的溫室氣體排放量會比歐盟其他國家的人均量要少 18%。如果核能電廠被燃煤電廠取代，法國的溫室氣體排放量將會立即增加 25%。

1973 年的石油危機時，能源的自給率為 26 %。2005 年提高到 49.8 %。核能發電遂成為法國自給能源的重要角色。法國雖然需要進口鈾，但重要的是如何靈活運用鈾原料。在法國，舉凡鈾的濃化、加工、燃料製造、再處理等所有核燃料等製造工程，都可在國內進行。假如法國沒有發展核能，則能源的自給率將變成只有 8 %。目前法國的能源自給率為 50 %。

法國本身所需的全部電力，都由國內的發電提供。法國電力公司將其總發電量的 15 %出口到鄰近各國，成為世界第一的電力出口國。法國在經濟合作開發組織的二十個加盟國家中，雖為第四大能源消耗國（與其高度研發和大量出口貿易等因素有關），但法國每人的二氧化碳排放量卻是第二十

四名。法國的一次能源消耗量，化石燃料占較少的比例。一次能源消耗量中，煤炭、石油、天然氣共為 53 %，核能為 41 %。

法國核能發電的設備容量（五十九座機組、約 6,600 萬瓩）規模約與日本相當。把鈾與鈽做成混合氧化物燃料作為輕水式反應器的燃料來發電。法國最早將混合氧化物燃料裝入反應器已經多年，現有二十座機組裝有混合氧化物燃料，而這些電廠還可以再生產鈽。利用混合氧化物燃料的優點是提高鈽的附加價值與經濟性。過去因為鈾便宜，使得鈽的經濟性無法提升，但是現在鈾的價格正快速攀升。在法國，所有的用過核燃料都要經過再處理，並將分離出的鈾、鈽再循環使用。

5. 澄清環保人士的話

2011 年 4 月 27 日，某台灣環保人士在「台灣的未來——擁抱還是拒絕核電」辯論（媒體轉載），講了一些缺乏科學根據的話，以其環保團體領袖的影響力，實在需要澄清。

	台灣環保團體領袖說	澄清
1	地震規模 9、10 會否成為常態？讓人非常不安。	沒有科學證據顯示地震規模 9、10 會成為常態。台灣地區 1901～2011 年間，地震規模最大為 7.3（九二一地震），對核電廠無影響。若台灣真有規模 9 地震，將會傷亡慘重，其他發電廠完蛋，但核電廠屹立。居安思危有其節制，反核者習慣恐嚇民眾，此為範例。

	台灣環保團體領袖說	澄清
2	台灣有很多以前認為不會動的斷層都開始動了。	國科會與中央地調所不是這麼說的。反核者提得出機率和證據？
3	台灣東北可能發生 24 公尺的海嘯，核一、二、四廠根本無法應付。	成大水工所研究結論是最大海嘯溯上高度為 7.5 公尺（核四）。反核者有何證據嚇唬民眾？若辯說只是「可能」，則提得出機率嗎？提不出的，這是反核一貫的恐嚇作風。
4	客觀計算出的風險概率並不等於民眾主觀認定的風險認知。	民眾就是被反核者誤導而產生恐慌認知。
5	既然核四有可能出問題，為何不停建？	有「可能」的機率很低，其風險低而福祉高。若要停核能廠先停石化發電廠，因後者禍害更大。
6	高放射性核廢棄物要放萬年以上，這代用電卻把核廢料給下下代子孫處理？	該廢棄物量極少而可入土為安，不需後代煩惱。倒是發電量佔大宗的石化發電所致全球暖化危機迫在眉睫，而其他污染正殺死許多人。這代留給後代子孫嚴峻麻煩。
7	核電廠是「非自願風險」，就讓人不安；根據莫非定律（凡是可能出錯，就必定會出錯），核電廠會出錯，讓人更恐慌。	其他發電方式才更讓人（包括反核者）不安。莫非定律只是戲言，反核者錯把雞毛當令箭。反核者提得出各種人生風險數據、各類發電方式風險數據嗎？發電造福社會，為何要以「非自願風險」貶抑？反核者認為「飆車」之類的自願風險呢？
8	新北市為全球核電廠最多的都市，市民會覺得光榮嗎？很多貢寮人對外不敢說是貢寮人，喪失故鄉光榮感。	反核者一直誤導民眾③之故。比起其他發電方式，核電廠毫無不光榮處；核電助益減少全球暖化，當地人足以為傲。

③ 2000 年，有恆春讀者投書媒體，說當年核三建廠時抗爭（就像目前貢寮人抗爭核四建廠），因為核能電廠方圓「十公里內的人、動植物、甚至海域都會因輻射而得癌死亡」。但是二十幾年來，恆春日漸繁榮，「證明了當時的抗爭有些短視」。由此投書也可知，單純的民眾易受誤導而深怕核能電廠。

十一、同理心

　　英國文豪狄更斯（Charles Dickens）以法國大革命為時代背景而寫書《雙城記》，一開始就說「這是最好的時代、也是最壞的時代；這是智慧的時代、也是愚蠢的時代；這是篤信的時代，也是疑慮的時代；這是光明的季節，也是黑暗的季節；這是希望的春天，也是絕望的冬天……」。此情景用來描述核能爭議似乎相當適合，就像反核者與擁核者各有說辭而「對立分明」。對於同一件事，為何各人觀點差異這麼大？

1. 認知差異：風險意識

　　對於醫師從事人體實驗，國內有醫師認為法界的態度可分為兩派，人性本善的一派認為醫師不會存心害人；但人性本惡的一派認為醫師不是好東西。因此，從源頭起，「有色眼鏡」不同，認知就不同。

　　有些人的風險意識低，另些人則高，就像美國作家懷思（Jeff Wise）在書《極端恐懼》（Extreme Fear）中的解釋：有些人喜歡賽車、攀岩、衝浪等讓一般人害怕的事。許多人對鬼、蛇、黑暗、火等產生恐懼反應，這些恐懼源於人類在原始社會在野外生活的狀態，是人類適應大自然的本能反應，因此，恐懼助益人類不斷演化，但也妨礙人的演化，因為會

成為人生的控制因子，將人的心力耗費在認為「威脅」的項目上。2002 年諾貝爾經濟獎得主卡乃曼（Daniel Kahneman）提到，諸如恐懼與愛等的情緒會讓人不理性，而為了避開損失，人會傾力而為。

反核者的核能與輻射風險意識不合理性地超高，又同仇敵愾地團結「拼命」，攪得核能界七葷八素。

2. 堅持己念？更新思維？

環保者致力於公益，其行可佩；他們對環境的維護，念念在茲；上天下地，常見他們的芳蹤。他們努力宣傳其理念，也「要求」別人作到；在其言行中，常有「道之所在，雖千萬人吾往矣」的堅持，這讓他們反核立場「堅定如一、從未動搖過」。為何不看看核能科技的進步？想想非核發電導致的全球暖化？

反核者相當擔心核能與輻射，但他們提不出其風險「機率」等數據，因為缺乏核能與輻射知識，結果，對於「西方和前蘇聯的核能電廠設計迴異」和「畸形魚不是輻射造成」，此兩明確科學事實例子，他們堅持與傳播錯誤觀點；一般民眾無力判斷誰對誰錯，卻傾向於相信「保護環境與人」的反核者（他們的故事聳動而感人，哪像擁核者提的數據「冰冷無感」），實在不幸。

2000 年核四再評估時，一位 L 教授表示，「前蘇聯核電事故死亡上萬人……這是……冷酷……它需要的是人文關懷的溫暖與補救，而非專業驕傲的堅持與忽視」。事故導致傷

亡，誠然不幸，反核者深具憐憫心，當然可敬；但他們所提的事實錯誤（不是上萬人），為何無雅量接納指正？而指控對手冷酷[1]？

3. 團體的力量：大家分攤風險

團體生活的優點就是大家分攤「風險」，國家社會需垃圾掩埋或焚化場、煉油廠與加油站、墳墓、監獄、機場等，不是設在我家旁就是在你家旁，我可大聲抗爭而推到你家旁嗎？附近居民的正確心態不是「受害者之姿」，而是「服務他人」。同理，社會保險（健康保險……）也是「互助」，難道我交健保費而沒就醫，就要抗議你生病而用掉我的健保費嗎？

對於核能電廠附近的居民[2]，不要擔心日常輻射外洩，聯合國原子輻射效應科學委員會、國際放射防護委員會、美國國家科學院游離輻射生物效應委員會均已聲明無礙；世界上一些地區天然的輻射比平均高幾倍，但其居民並無較高致癌率；核能電廠員工也沒比大家更受輻射影響（其實，相較之下，其他發電方式更不利健康）。至於發生核能電廠事故？車禍、火災、菸酒、肥胖、食物傷害或中毒、流感、跌落等，遠比核能電廠事故更有可能，傷害也更大。想想即使罕見地

---

[1] 原子科學家（諸如愛因斯坦）也「敬天愛人」，台電員工的人文關懷和社會大眾應無分軒輊（常態分布），就如英國哲學家羅素的理念「對知識的追求、對受苦受難者所懷抱的情不自禁的同情」。

[2] 對於核廢棄物貯存所附近居民亦然。蘭嶼居民並沒受到輻射污染，倒是受到媒體與謠言污染，甚或積憂成疾。

震海嘯（兩萬人從世界消失）導致福島事故（爐心融毀），並沒一人輻射死亡；現在，國家社會之力在支撐該地區與居民。

　　全國民眾應感謝這些「有負擔」的居民，給予有形與無形的支持；他們也要以此「義行」為榮，是他們的功勞促進國家進步、社會方便。

十二、總結
——冬天到了，春天還會遠嗎？

　　社會瀰漫核能恐慌的主因為缺乏正確科學知識，因核能與輻射的健康效應科學可能不易理解。其次為反核者的「風險觀、價值觀」偏頗，沒有宏觀「比較各種發電方式的風險和人生風險」。接著是媒體（民眾學習科學知識的最主要來源）誇大輻射風險，弄得人心惶惶。

　　我國進口能源占總能源供給比例高達 99%（國際能源總署能源將核能列為自產，則為 91%），且為孤立島國能源供應體系，需考慮諸如戰爭、價格飆漲、無法取得等國安因素，則核能為上選。

　　反核者導致每次成功地停止或延擱核能發電，就是增加使用石化燃料（因為再生能源還不成熟適用），則全球暖化與空氣污染均重傷社會[①]。法國經歷能源危機洗禮而脫胎換骨（核電占全部發電八成），輸出電力而減少污染與暖化，其人民健康。

1. 國人需要瞭解風險

　　(1)輻射的風險：輻射的健康效應已經相當清楚，它並不

---

① 正是「愛之適以害之」。

比空氣污染、農藥、殺蟲劑、食品添加物等更危險。媒體常用諸如「致命」等聳動字眼形容輻射，導致民眾恐慌。

(2)核能電廠事故的頻率與後果：專家已經分析出各種可能後果，但是民眾只從媒體聽到最嚴重的，而不知其可能性很地（也不容易體會「極低可能性[2]」的意涵）。車諾比核電廠和西方核電廠的最大差異在於前者也要生產核彈用的鈽燃料，但民眾無法區分，車諾比的爛賬就算在西式核電廠上。

(3)廢棄物的風險：在高放射廢料方面，其實它是未來的能源，其毒性並不比諸如氯與砷等許多近代產品危險，也不比燃煤發電傷害更多人。

(4)現代社會的風險：民眾難以公平地與定量地比較人生各種風險；宏觀地比較，顯示核能發電相對地低風險，但卻受到（媒體）過度宣染，使民眾過度恐慌。

(5)擔心核能電廠用為製作核彈：反核者不瞭解核能電廠產生的鈽不適合製作核彈而做此聯想。相對於核武，恐怖份子有更簡易與更致命方式行兇。

---

[2] 「可能」的意義涵蓋很廣，例如，台北車站前(1)「可能」有隻狗、(2)「可能」有隻獅子、(3)「可能」有隻恐龍。此三種情況均「可能」，但是第一種可能很可信，第三種可能則很不可信。筆者主持環保署「非游離輻射風險評估專家小組會議」，一位 C 委員一再聲明，她並沒說「有害」，而是說「可能有害」。因此，不論結果是有害或無害，她都對，因為「可能」的彈性十足。

2. 「溝通」有其極限

「說明」有其極限，有些人堅持其觀點，例如，在美國現仍有人堅持「地球是平的」。美國國家科學院在其1996年報告中指出，即使抽菸致癌已鐵證如山，但仍有人宣稱缺乏證據。

也許可以「畫地為牢、作繭自縛、草木皆兵」描述反核情結。

以核能輻射知識的艱澀無趣、核能科學家的木訥、媒體喜好聳動和娛樂、核彈威力已深植人心、反核者缺乏核能訓練而滿腔熱血、核電廠附近居民受誤導而情緒滿檔、政客為選票而不理科學等，核能發電之途坎坷可期。但如英國詩人雪萊所言「冬天到了，春天還會遠嗎？」科技一直進步，民眾逐漸會正確瞭解核能發電的利弊得失（尤其在幾十年或百年內，石化原料枯竭後③）。

唐朝魏徵說：「情有愛憎，憎者惟見其惡，愛者止見其善④」。國人可客觀而科學地接納核能發電？

---

③ 英國石油公司預估（2010），石油可供未來45.7年、天然氣62.8年、煤119年。
④ 於2000年核四再評估會議時，與會者分成贊成與反對兩陣營，涇渭分明，各人所言和「攻防」大致上為停建（或續建）的目標而努力；由其「用語」（批評或包容）的內容可知其立場。古代即有「心態與用語」的故事：春秋戰國時期，有位國王曾很寵愛一位大臣，有一次，大臣的母親患重病，情急之下，擅用國王的馬車趕回鄉里，這在當時是重罪，但國王卻說：「他真是孝順！竟甘冒犯大罪的風險營救母親，這樣的孝子必是賢臣。」又有一次，國王與那位大臣微服出巡，那位大臣在路邊摘了一個剛熟的桃子，一嚐之下，覺得太美味了，便遞給國王，說：「陛下，您也嚐嚐吧！」國王說：「你在第一時間就想到要與我分享，足見你的忠心！」幾年後，這個大臣失寵了，國王就指責他：「當年擅自乘我的馬車回家，豈非看自己的家比看朝廷還重要嗎？這樣的人是必是庸臣。有一次，他竟然還敢把自己吃過的桃子給我吃，足見他的輕蔑之意！」這位大臣實在夕命，他的同一作為在別人的不同心情下，意義決然不同。

附錄一、有用的輻射知識

1. 碘片

(1)何時服用碘片呢？

碘是一種微量元素，主要存在於海帶、海苔中，而碘片則是碘化鉀的通稱。甲狀腺需要碘來產生甲狀腺荷爾蒙。體內有適當量的穩定碘可以擋住甲狀腺吸放射性碘，降低曝露於放射性碘後得到甲狀腺癌的風險。碘化鉀並不是「輻射解毒劑」，不能防止體外輻射，或抵抗放射性碘以外的放射性物質。因碘片含有豐富穩定碘，當核子事故發生時，甲狀腺接受劑量評估達 100,000 微西弗（100 毫西弗）以上，可服用碘片。碘片服用必須聽從指示服用，隨意服用有少部分人會有較嚴重的過敏症狀，包括發燒和關節痛、臉和身體部位腫脹，甚至呼吸困難，副作用則包括流涎、唾液腺腫大、頭疼。此外，原本就有甲狀腺機能亢進的人，若貿然服用碘片，病情會更嚴重。

碘片

(2)哪裡可買到碘片？

碘片屬於管制藥品，藥房沒販售。碘片是一種藥物，隨便服用反而對身體有

害。

(3)食用含碘精鹽可防輻射？

現行碘片一錠 130 毫克，碘含量為 100 毫克。台鹽碘鹽中的碘含量為 20～35 ppm，若要一錠的碘片，鹽量要吃到約 2.5～5 公斤（可憐的腎臟，完蛋啦），因此不建議由碘鹽代替碘片。每人一天只要 10 公克的鹽，即已達該攝取碘量（150 微克）保護甲狀腺。

(4)市售碘消毒藥可替代碘片？

市場上販賣的碘漱口水不是內服藥，此類含碘漱口水除碘以外，另含有其他化學物質成分，服入體內可能有害於人體健康。即使飲用之後，因含碘很少，幾乎沒有抑制放射性碘元素聚集的效果。

(5)核子事故與甲狀腺癌的關係？

碘-131 的半衰期八天，在大氣中及環境中會很快分解。其劑量只有在核子意外事故的最初幾天較高，主要曝露途徑為飲用新鮮牛奶。民眾因食用遭碘-131 污染之水果及葉菜所受劑量，遠低於飲用遭碘-131 污染之新鮮牛奶。碘-131 落塵只會附著在水果及葉菜的表面，民眾食用前通常只需先用水清洗或將水果削皮即可。甲狀腺癌並非常見癌症，而且通常可以治癒。罹患甲狀腺癌的風險與曝露劑量成正比，但受曝之孩童會比成人有較高的風險。

2. 旅行

(1)搭乘飛機增加輻射劑量嗎？

宇宙射線是天然背景輻射的主要成分之一，是由來自外太空的高能粒子及由這些粒子所產生的二次輻射所組成，會受到大氣層的阻擋而減弱，所以愈接近地面，宇宙射線就愈小。國際航線的飛行高度約是 35,000 英呎，一般而言，每增加 2,000 公尺的高度，宇宙射線會增加一倍，飛行高度愈高及飛越南北二極之航線，所接受的宇宙射線會比較高些，且沒有防止或降低的方法。以台北往返美國西岸一趟為例，所接受的輻射劑量約 0.09 毫西弗，尚遠低於民眾之年劑量限值（每年 1 毫西弗）。

(2)機場的行李檢查 X 光機安全嗎？

國內機場行李檢查 X 光機周邊的輻射劑量率，都符合法規規定，民眾可以安心進出機場，無需顧慮輻射問題。行李檢查 X 光機的本體已裝置適當輻射屏蔽，經過原子能委員會實際量測旅客取、放手提行李及經過 X 光機周邊走道位置的平均輻射劑量率為每小時 0.00001664 毫西弗，依此估算旅客取放手提行李一次可能接受的劑量約為 0.00000052 毫西弗，即使民眾一年三百六十五天，每天都搭乘飛機往返，取放手提行李二次，其一年累積接受的劑量約為 0.0003796 毫西弗，仍遠低於游離輻射防護安全標準中規定一般人每年 1 毫西弗

的劑量限度，沒有輻射安全顧慮。經過 X 光照射的行李和曬太陽一樣，X 光和陽光都不會在行李上殘留，行李不會變成輻射物品，也不會產生傳染性。

(3)剛做完核醫檢查，會引起機場輻射偵檢警報？

核醫病患因不同的檢查或治療，給予的放射性核種或活度都不一樣，且因人體的代謝率及偵測距離等因素，無法定論多少劑量會引起警報。但建議若有做過核醫檢查或治療者，最好能請醫師開立英文診斷證明，註明檢查或治療的日期，所用的放射性核種及活度，以方便國際機場的安全人員研判，減少不必要的困擾。民眾因接受核醫檢查或治療，短時間內體內會殘留放射性同位素，若此時前往美國，在機場很可能被安全人員以手提輻射偵檢器發現有輻射反應。至於核醫病人要經過多少時間才不會引起警報聲響？因不同核醫檢查或治療項目施予不同核種、活度，且各病患的代謝率不同及偵測距離等因素，因此無法定論多少劑量會引起警報。依據美國核醫學學會，接受核醫檢查或治療後還有可能被偵測出輻射反應的概略時間如下：FDG 正子掃描（約二十四小時）、骨骼及甲狀腺掃描（約三天）、鉈-201 心臟檢查（三十天以上）、甲狀腺治療（九十五天以上）。因此，若剛做完核醫檢查或治療而要前往美國的民眾，最好請醫師開立英文診斷證明，註明檢查或治療的日期，所用的放射性核種及活度，如此當有助於美方安全人員研判，減少不必要的困擾。

3. 配戴寶石是否增加罹癌風險？

傳言「鑽石原在地底，長期受地殼中低強度射線作用而成，會超過正常含量放射性？甚至有些珠寶商會利用中子照射寶石達到增加光彩的效果，女性若長期佩戴寶石於胸前或頭頸，會增加罹患乳癌、肺癌的風險」？寶石確實具有天然的游離輻射，大理石、磚頭也有，但這些天然輻射的輻射量極低，對人體影響極小，全世界各國都未對天然輻射進行管制；若利用中子照射寶石增加寶石色彩，業者須送到輻射作業單位處理，相關人員及設備也須受原能會的管制，則增成本，目前並無業者這樣做。民眾不必擔心寶石的微量天然輻射，會對人體造成傷害。

4. 爬山越高，輻射越強？

每升高 2,000 公尺，宇宙射線約增加一倍。宇宙射線釋放最高劑量在離地 25 公里區間。高山輻射屬於宇宙射線，高山輻射在安全範圍，長期接收對人體健康無虞。台灣每人接受天然背景輻射劑量為一年 1.6 毫西弗（略低於全球平均值的 2.4），來源有四，近半數來自氡氣（土壤元素之一），地表輻射 0.3 毫西弗、宇宙射線 0.29 毫西弗、食物 0.23 毫西弗。接近四千公尺的玉山，其宇宙射線約地表的四倍。海拔兩千六百多公尺的塔塔加遊客中心輻射劑量，每小時 0.000137 毫西弗。

5. 核電廠

(1)國際公認最危險的核一、二廠？

2011 年 6 月，某雜誌出現標題「全球最可怕的三座核電廠，台灣有兩座」，內文說，《自然》雜誌研究顯示，「全球最危險的三座核電廠，台灣占了兩座」，文末說「大台北地區處在全球最高的核災風險」。該文資料來源寫《自然》、某反核立委辦公室。

原出處為 2011 年 4 月 21 日，英國週刊《自然》的網路新聞〈反應器、居民與風險〉（Reactors, residents and risk），該文說，比起日本福島電廠 30 公里內十七萬二千名居民，全球二百一十一座核能電廠中的三分之二，有更多居民住在 30 公里內。至於風險，作者說不能以電廠的新舊為準，就像醉漢開著新車並不比開車老手駕駛舊車安全。又說若排序 30 公里內的居民數，台灣核一、二廠排第二和三。然後，作者引述美國反核者 Ed Lyman 之言，說上述三廠附近人多，因此「嚇人」（scary），亦即，此反核者主觀認為嚇人；他沒說沒說「最危險」，更沒說「大台北地區處在全球最高的核災風險」（算人頭談風險是一種觀點，但台灣人口密集，瓦斯或機車等的風險更高）。反核者要怎麼擷取資料或怎麼遣辭用字，均為其自由；但是國人為何要那樣形容（嚇唬）自己？我國核一與二廠的運轉紀錄在全球排比均甚佳（台灣使用核電已三十年，根據 2009 年核子工程國際評比，總體績效全球第

四）。

　　該文發表後，即有讀者回應，作者觀點不道德，因該文隱含「居民越多，越要嚴格管制核能電廠」，其實，人少地區要一樣嚴格。亦即，該文罔顧「每條人命均一樣神聖」的道德觀。接著，有人指出，沒有任一電廠是百分之百（絕對）安全，因此，應關掉所有（核能）電廠。因此，依此邏輯，應該關掉所有設施、禁吃所有食物；不可待在室內（火災與地震壓死等風險），也不可待在室外（車禍與空氣污染等風險）。

　　其實，我們也可用別種算法比較風險，例如，我們可以比較日韓台三國的核能機組密度（每萬平方公里的機組數），則南韓（3.01）比日本本州（2.25）密集，後者又比台灣（2.21）密集。

地區	面積（平方公里）	核能機組數量（含計劃、施工）	核電機組密度（每萬平方公里的機組數）
南韓	99,646	30	3.01
日本本州	231,216	52	2.25
台灣	36,188	8	2.21

　　就像前述，努力找，就可找到某核能電廠附近致癌率稍高的例子，可用來嚇唬民眾；類似地，也可找出某統計數字不利於核能電廠（附近人數，或密度，或其他「把柄」）。

⑵核四為「拼裝車」嗎？

反核團體質疑五大核能迷思，包括「核四廠比核一、二、三更危險」、核四是「拼裝車」等。經濟部回應，核四廠採用「進步型沸水式反應器」（第七代沸水式），將世界累積的核能電廠設計及運轉經驗，回饋到核四安全設計上，新設計所使用的設備與功能較先進，安全性較高。

核四廠採用美國GE公司與日本東京電力、日立、東芝等公司共同發展的先進沸水式電廠設計，爐心損壞（core damage）發生機率降至百萬分之三，比我國現有各廠安全三十倍。其姊妹廠日本東京電力柏崎─刈羽電廠超過十個運轉年的總體績效名列全球前四分之一。但反核者批評它是「拼裝車」，這和批評百年前家用電話演化而各方努力的智慧型手機為「拼裝車」，有何差異？

附錄二、專家出馬：美國經驗

　　美國工程院院士科恩為核能輻射效應專家，在《核能選項》（The Nuclear Energy Option）書中指出，在核能議題上，民眾應更相信「美國國家科學院游離輻射生物效應委員會（BEIR）、聯合國原子輻射效應科學委員會（UNSCEAR）、國際放射防護委員會（International Commission on Radiological Protection，ICRP）、美國國家輻射防護與測量委員會（NCRP）、英國國家放射防護委員會（NRPB）」等深具公信力的科學團體，而非一般媒體。

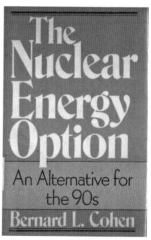

　　1970年代晚間新聞報導核能議題，最常引用的資訊來自反核的組織、最常諮商的「核能科學家」是納德（Ralph Nader）[1]，他宣稱鈈為「人類所知最毒物質」（一英鎊鈈殺死八十億人），科恩就回應「納德吃下多少咖啡因，科恩就吃

美國工程院士科恩解釋核能

---

[1] 納德（Ralph Nader）為美國演說家與政治活動家，曾五次要參選美國總統，他的發言常常關於消費者保護、人權、環境、民主政府。沒有科學訓練背景，居然在1970和1980年代成為最受媒體引用言論的「核能專家」。納德曾發表許多生物技術的言論，充分顯示他是個科學外行而好發議論。

下多少鈽」。咖啡因的「半數致死劑量」（LD50）為每公斤192 毫克（老鼠）。三哩島事件後，最常被引用的十個來源中，只有一位是科學家—史登葛拉斯（Ernest Sternglass，卻是缺乏正確知識的人）[2]。

美國政客在 1970 年代初期開始反核，他們不理「正統科學社群」（美國國家科學院等）轉向政治活躍份子尋求意見，這些份子屬於「環保運動」者，可說由納德領軍，他們往往缺乏足夠核能科技素養，而以「想當然爾」行事；他們會找到科學家支持其論點，但忽視主流科學意見。他們志在找到資訊以說服民眾。

可是民眾太擔心輻射，使得輻射的研發與防護非常嚴密，當然啦，費用很高。因此，在輻射防護方面每救一人命的費用遠高於其他污染源。

1. 輻射恐慌扭曲資源應用

例如，1972 年，美國首座民用核燃料再處理廠關閉以申請擴充廠房，原建廠費三千二百萬美元，擴建費一千五百萬美元，但因新安全規定而需擴建費六億美元，只好放棄。既然關廠，儲存在地下的高輻射廢棄物怎麼辦呢？輻射物會不會洩漏而流入附近小河，然後流入北美五大湖的伊利湖和安大略湖，接著到聖勞倫斯河，污染廣大水源？

---

[2] 牛津大學史都爾（Alice Stewart）認為史登葛拉斯（Ernest Sternglass）嚴重誤解其論文，因為後者詮釋為「胎兒 X 光使得嬰兒死亡率加倍」，其實前者說「孩子死於癌症的機會加倍」，兩者之差在於前者以「千」測量，後者只是個位數。

到底風險多大呢？這些廢棄物為固體，存放在內層容器中，若洩漏會引起警響。接著有外層容器保護、混凝土貯藏室、砂礫、防滲黏土（24 公尺厚）。這五層防護均有偵測功能，洩漏過這五層得花許多年。接著，經過泥土到小溪需要半世紀，而在此途中，輻射會被泥土過濾，而延緩滲過時間，因此至少千年。五大湖有例行輻射監測。因為輻射衰減，約每百年減少一成，若經千年則幾乎無傷亡。地震可能性分析顯示即使最嚴重的地震（約一萬六千年一次）也無法震破雙層容器。至於恐怖份子呢？要破壞 24 公尺厚黏土層不是一件小事，接著幾層防護亦然；花那麼大力氣，他們無所斬獲；其實，他們若要傷人有更好的作法，例如，輕易地在大建物中施放毒氣。

　　最簡易處置方式為將水泥導入容器中，將廢棄物轉化為大水泥塊，這就可消除洩漏的風險；此方式約花費二千萬美元，加上一千五百萬美元信託基金從事監測等後續工作。此方式的風險約為最終「最多 0.01 條人命」（比較可能的是千百倍更少）。1978 年，美國能源部決定不採用此方式，反而「複雜化」：將廢棄物從原存處取出，轉換成玻璃態，然後掩埋在深處岩層中；所需費用十億美元。因此是花費十億美元挽救 0.01 條人命，亦即每條人命一千億美元。當時，美國政府對於花費十萬美元挽救一條人命的計畫均拒絕呢。

　　為了執行該「複雜化」計畫，工人曝露於比「轉化為水泥」更大的風險，約為導致 0.02 條人命（2%機會導致一人死亡），這反而比更便宜的水泥計畫更危險。該地區一些人哇

哇叫「將那危險物質趕出我們地區」，煽動民意支持，要求議員施壓政府，於是，能源部官員回應公眾的顧慮和政治壓力，而採用更貴與更危險的十億美元作法。這些缺乏科學知識但「護民」者，均成為當地的「英雄」。

需要一提的是運輸事宜，在美國的運送過程中，輻射風險約為幾千年才一人死亡。但在運送石油方面約每年一百人死亡；載運煤方面約一千人。即使運送廢棄物的風險極小，民眾居然非常擔心。諸如紐約市等許多地方，均制定法律禁止核廢棄物運送車經過其地盤。

2. 為何民眾害怕輻射？

(1)電視等媒體一再地誇大其風險，經常聽到輻射的危害故事，就會下意識地認為擔心輻射。統計美國媒體的報導，在 1974～1978 年間（三哩島事故之前），車禍新聞一百二十則（五萬人死亡）、產業事故新聞五十則（一萬二千人死亡）、窒息新聞二十則（四千五百人死亡）。以上的新聞則數和死亡人數大約成正比例。至於輻射呢？二百則新聞（無人死亡）。因為意外事故，美國每天平均約三百人死亡、三千人受傷。

(2)媒體（尤其電視）使用聳動的字眼，例如，「致命的輻射」等，但是至今從無核能電廠導致一人因輻射而亡。但是美國每牛約一十一白人被電死、五百人因天然氣窒息而亡，有任何媒體使用「致命的電」、「致命的天然氣」嗎？

(3)媒體沒有說明天然劑量，例如，1982 年，紐約某核能電廠釋出劑量 0.003 毫西弗，結果成為兩天電視連播網晚間頭條新聞；但是媒體沒有說明，此劑量比個人每天所受的天然劑量還少。

(4)媒體將輻射看成新穎與神秘事物，而不知人類誕生以來一直存在輻射；科學界對於輻射的健康效應比起空氣污染、食品添加物、水中化學污染物等的健康效應，研究的更多與瞭解的更透徹。因為相對地，輻射更容易瞭解，與物質作用的機制已很清楚。輻射易於測量與定量，儀器也相對地便宜和可靠。

(5)媒體樂意提供版面和廣播給任何宣稱輻射比「主流或政府觀點」更有害者。

美國能源部健康與環境研究辦公室資助哈佛大學從事多年研究，結論為空氣污染每年讓十萬每人死亡，原因是心臟與肺病（1985 年）；另外，空氣污染導致一千個人癌症死亡。1988 年，美國環保署報告指出，全美所有釋出的空氣污染物，二氧化硫的 64% 來自石化電廠、氮氧化物則 31%。

美國能源部公布，燃煤電廠發電量占全美電量一半，但二氧化碳排放量占八成，核電廠則發電兩成，排放二氧化碳約零。單美國東北部兩作燃煤發電廠釋放的污染，每年造成數萬起氣喘發作、數千個上呼吸道病例、七十人死亡。

3.「民之所欲，常在我心」

科恩說美國民眾常記在心的一件事「核廢棄物為未解的

問題」；科恩就反問，那麼燃煤電廠每年殺死那麼多人是「已解的問題」嗎？

他向民眾解釋核廢棄物問題已有解，民眾會問「那為何還不掩埋廢棄物？」他答說，「我們還不那麼急著掩埋，還有更佳方式」。不管怎麼答覆，一般人只是惦記「核廢棄物為未解的問題」。

為何不用擔心核廢棄物？因為沒人因而傷亡。民眾又問「怎知沒人傷亡？」，他答說因為有環境輻射劑量監測，很明確。

附錄三、可發電的廢棄物

　　我國核能電廠輕水式反應器用過的核燃料,其實不是廢料,因絕大部分(97%)為可再核分裂的鈽與鈾。一種利用方式為再處理成混合氧化物核燃料(mixed oxide fuel),例如,7%的鈽與93%的鈾的混合物。

　　若使用快滋生反應器(fast breeder reactor),利用高能量中子轉化鈾-238為鈽-239做為燃料,可得1.2倍的滋生效率,而且,發電效率可以提升到40〜45%間。快滋生反應器與輕水式反應器成為充分利用核燃料的搭配。

　　瑞士核能電廠於1978年開始使用混合氧化物核燃料,為國際上最早使用者。直到2009年,國際上已有三十六部核能機組裝填混合氧化物核燃料,使用的國家包括法國、比利時、德國、瑞士、日本和美國。此外,美國、歐洲、日本、俄羅斯等研發「第四代反應器」,希望發展出較簡單、不會爐心熔毀的核反應器,預計2030年開始部署。第四代反應器的技術發展重點在於藉由用過核燃料的再處理技術、將鈽用於輕水式反應器以及新一代核反應器內長生命期放射性廢棄物(微量鋼系元素)的轉變,期使長生命期放射性廢棄物減少約一百倍,而留下的殘餘物質經過數百年後,其放射性就約與原生天然鈾相當。

附錄四、發電原料大觀園

1. 石化原料

1.1. 天然氣

　　天然氣的主要成分是甲烷，也可能會含有一些較重乙烷、丙烷和丁烷。天然氣本質上是對人體無害的，不過如果天然氣濃度在 5～15%間，則會觸發爆炸。抽取天然氣（或者石油）導致地層壓力下降，而這種壓降又會導致地表下沉。液化天然氣體積約縮小為原氣體的六百二十五分之一，具爆炸風險，因此，美國國土安全部決定，美國本土僅保留六個儲存終端。2005 年，全球已探明的天然氣儲量為 179.53 萬億立方米。台灣地區之自產天然氣數量極為有限。1990 年進口 150 萬噸，後逐年擴增進口量。儲存在數萬立方公尺之保冷儲槽。天然氣適合替代石油製造塑膠與有機化合物，此用途在許多情況下，讓天然氣更珍貴，因為所需的轉換程序更簡單與便宜。電力可取取代部分石化原料，例如，使用電車。

1.2. 煤

　　煤的排棄物包括汞、鈾、釷、硒、砷、其他重金屬。排放的硫與氮化物導致酸雨。廢棄污泥污染河水與地下水。煤是大氣中人為二氧化碳的最主要來源。全世界煤存量 8,609 億

噸，英國石油公司在 2007 年報告中說可供一百四十七年使用。

1.3. 石油

石油是不同的碳氫化合物混合組成，還含硫、氧、氮、磷、釩等元素。今天88%開採的石油被用作燃料，其它的12%作為化工業的原料。今天約 80%可以開採的石油儲藏位於中東地區。海上探油和開採會影響海洋環境，清理海底的挖掘很傷環境。石油燃燒時釋放二氧化碳。一般只有大的發電廠才夠財力裝配吸收二氧化碳的裝置，單個車輛無法裝配這樣的裝置。陽光、風、地熱等再生能源無法取代石油作為高能量密度的運輸能源，但可用電（蓄電池形式）或氫（燃料電池或內燃）驅動運輸工具；或用生物質能產生液體燃料（乙醇、生物柴油），但目前的技術還無法讓生質燃料夠環保。全球大約有 13,240 億桶儲油。

1.4. 風力

風速必須大於每秒 2 至 4 公尺（依發電機不同而有所差異）不等，但是風速太強（約每秒 25 公尺）也不行，當風速達每秒 10 至 16 公尺時，即達滿載發電。風速的大小和穩定也很關鍵。克服的問題：鳥擊、雷擊、鹽害、噪音、供電不穩、維修。

2. 鈾

　　鈾為銀白金屬，具有六種同位素，均具微弱放射性。在自然界中，鈾以鈾-238（99.2742%）、鈾-235（0.7204%）、鈾-234（0.0054%）等同位素存在。鈾-238 的半衰期約 44.7 億年，鈾-235 則為 7.04 億年。鈾在自然界中以數百萬分之一比率的低含量存在於土石、水。鈾在地殼的濃度約 2～4 ppm（百萬分之一），約為銀的四十倍。表土的鈾濃度約為 0.7～11 ppm（因為使用磷肥，可到 15 ppm），海水中的濃度約為 3 ppm。一些生物如地衣 trapelia involuta 和細菌 citrobacter，能吸收鈾到超過環境中濃度的三百倍，也許可用來當「生物修復」受鈾污染的水。植物從土壤中吸收一些鈾，乾燥植物的鈾重量濃度約為 5～60 ppb（十億分之一），植物灰燼則可達 4 ppm。2009 年，全球鈾產量約 50,572 噸，來自哈薩克斯坦（27.3%）、加拿大（20.1%）、澳洲（15.7%）、納米比亞（9.1%）、俄羅斯（7.0%）。全球儲量最豐富的是澳洲（31%）。鈾-235 是唯一自然存在的可分裂同位素（fissile isotope）。一公斤鈾產生的能量與 3,000 噸煤相當。貧鈾（depleted uranium）為濃縮過程中，鈾-235 濃度更低的廢料部分，其鈾-235 的濃度大約只有天然鈾的三分之一，放射性則約為天然鈾的 60%。

鈾

貧鈾的密度高達每立方公分 19.1 公克，與鎢相近，可做為放射線療法及工業用放射造影器材的屏蔽物，及放射性物質使用的貨箱。

2.1. 氡

鈾的一衰變產物為氡氣，無色無嗅無味，到處都是。氡是氣體，容易吸入，但其衰變衍生物不是氣體，因此會附著在呼吸道上，輻射導致肺癌。在家中氡是室內空氣污染物，濃度比外界高幾倍。環境氡氣比所有其他自然輻射源總和的高好幾倍。採鈾可減少氡氣對人的輻射傷害。美國環境保護署估計每年約八千五百肺癌個案來自室內氡氣，為肺癌的第二大主因（吸菸為首因）。建築材料是室內氡的最主要來源，如花崗岩、磚砂、水泥、石膏等。大部分的氡來自鈾-238 衰變（氡-222），少數來自釷衰變（氡-220）。氡-220 半衰期四天。露天的氡濃度每立方公尺 1～100 貝克。通常室內家中氡濃度約每平方公尺 100 貝克，在通氣不良室內可達 20～2,000 貝克。一些泉水和溫泉，可以發現高濃度的氡。地下水的氡濃度比地表水高。一些石油中含氡，因為氡和丙烷的壓力和溫度曲線類似，石油裂解是依沸點操作，因此煉油廠丙烷管線可能含放射性氡及其產品。

附錄五、輻射的應用

1. 醫學

　　1895 年發現 X 光後，1898 年醫生便使用 X 光觀察骨折、結核性疾病以及各種外科診斷，且遍及全世界。科學家並利用 X 光分析結晶體的構造。1905 年，法國更將放射性的元素鐳應用到癌症的治療上。（一次胸部 X 光檢查約 0.02 毫西弗；一次牙科全口 X 光檢查約 0.01 毫西弗。）在診斷方面，X 射線可用來判斷身體器官和組織的異常變化。在治療方面，放射性同位素可將癌細胞殺死。輻射醫療儀器包括鈷六十遠隔治療機、直線加速器、近接治療機、加馬刀、電腦刀、電腦斷層治療機、乳房 X 光攝影儀、正子電腦斷層掃描儀等。

　　今很多醫療用品都利用鈷-60 所放出的加馬射線消毒，這比用蒸氣消毒更有效也更便宜。用完即棄的手術用品就是例子。由於不需經過高溫處理，很多會被高溫破壞的物料，例如塑膠等，都可用放射消毒。加上加馬射線有穿透能力，物件可以在包裝封密後才消毒，確保物件在解封前不會

游離輻射標誌

受到細菌污染。2001年10月期間，在美國發現了炭疽菌郵件後，美國政府使用X射線消毒可疑的郵件，以免炭疽菌在美國引起恐慌。

　　國內乳癌發生率已躍居女性癌症排名第一位，乳房攝影為乳癌早期診斷最佳方式，衛生署國民健康局近幾年來積極推動實施五十～六十九歲婦女的乳房攝影篩檢工作。每年大約十三萬名婦女接受乳房攝影檢查。核子醫學檢查受驗者經由靜脈注射、口服或吸入微量放射性藥物，藥物分佈到特定器官後放射出來的輻射（加馬射線），可利用核醫攝影儀器予以顯像（掃描），核子醫學醫師即可根據底片上不同的影像，判定是否有病變。放射線照相主要是標示生理解剖上的變異，需掃描則可以顯示出組織功能上的改變。放射性藥物的半衰期不長，因此，醫學檢查後不久，放射性藥物會逐漸消失。放射免疫分析是核子醫學另一項重要的檢查，可藉由此技術測定血液中含量極少的荷爾蒙、腫瘤標記、肝炎標記、藥物濃度等。放射免疫分析是利用標幟有放射性同位素之抗體與血液中之抗原（即被測定的物質）結合，以閃爍計數儀測定抗原之濃度，是非常靈

核醫藥物

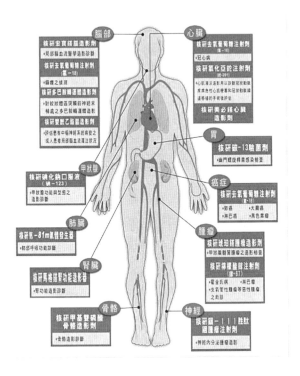

敏且準確的檢查。核子醫學也提供放射性同位素治療的服務。治療的原理是利用放射性同位素藥物所發射出射程很短的貝他粒子，集中照射病變部位，達到抑制或破壞病變組織的目的。例如，碘-131 治療甲狀腺功能亢進及甲狀腺癌。在核醫藥物製造方面，可用在人體的放射性同位素大約有一百種，但目前可穩定廉價供應的約二十種。需加強增進放射性同位素的生產合成、自動化製程降。2008 年 5 月 11 日於韓國首爾的第六屆國際同位素大會，揭示「輻射不再是一項恐懼或絆腳石……增進人類福祉的有效利器」。

2. 農業

　　包括(1)品種改良：放射線使得原本難以交配改良的作物變得容易、減少使用農藥等。(2)害蟲防治：利用輻射殺滅農作物和家畜的害蟲。(3)示蹤劑：利用放射性同位素氮-15追蹤水稻吸收氮肥，以及氮肥在土壤中殘留的情形，以瞭解肥料的傳送過程。(4)使用中子水分測定器，測量土壤中的水分，以決定灌溉時間及水量。透過同位素，可獲知地下水的流動方向。利用加馬射線在土壤中的吸收與散射，可測定土壤之密度。(5)輻射照射可殺死食品表面和深層的致病菌，方法節能又可保留食品風味。

2.1. 輻照食品

　　保存食物方法包括充填一氧化碳、脫水、真空包裝、冷凍、化學添加劑。減少食物中病原體的方法包括巴氏殺菌、超高溫處理、紫外線輻射、臭氧；使用環氧乙烷、甲基溴、膦鋁、熱蒸汽等熏蒸。各有優缺點。

　　根據聯合國糧農組織估計，世界上大約 25%的糧食在收穫後的儲存運輸中因為霉爛、發芽、長蟲等原因損失掉，而輻照可以大大減少這種損失。輻射照射食品（food irradiation）技術是二十世紀發展出來的滅菌保鮮技術。目前全世界超過五十個國家同意使用輻射照射食品，估計其量每年超過 50 噸。世界各國和國際組織數十年的輻照食品安全性試驗顯示，使用規定劑量輻照的食品是安全的。輻照食物的國際食

品法典標準（Codex Alimentarius Standard on Irradiated Food）並沒規定劑量的上限。美國航太總署可以使用 44,000 戈雷照射太空人食物肉品。

輻射照射不僅可以殺死食品表面的病原菌，還可以殺死食物深層的致病菌，提高衛生品質，防止由於食品黴爛變質造成的損失，而且滅菌過程快速、均勻。一些食物用傳統的加熱方法消毒，會失去原有的風味、芳香，而輻照處理後，幾乎沒有溫度變化。殺蟲劑殘餘、微生物污染、食品添加劑和保存劑。與傳統的冷藏和巴氏消毒相比，可以節約能源 70%～90%。食品可以先經過包裝或罐裝密封後，再進行輻照殺菌處理，避免了包裝時造成的二次污染。有些人擔心，食物經過輻照後，營養成分會大量流失。但科學分析證明，輻照食品所引起的營養成分的變化，遠遠小於加熱蒸煮、煎炒等方式。

2.2. 輻射恐慌悲劇：食物中毒

2011 年中，歐洲出血性大腸桿菌持續肆虐，到 6 月 7 日，已造成二十四人死亡，感染源頭仍不明。歐洲和北美四國已超過二千三百人病發。之前西班牙黃瓜和德國豆芽菜均被誤指為疫情元兇，但隨著疫情擴大，又始終找不出禍首，消費者信心快速流失，導致蔬果滯銷。西班牙被誤認為禍首，每周損失超過二億歐元。西班牙要求德國全額賠償損失，歐盟其他國家也要求補償。俄羅斯率先宣布禁止歐盟蔬果進口，奧地利高達 75%的新鮮蔬菜銷不出去，農民損失慘重。

其實，污染蔬果的大腸桿菌有個剋星：食品照射（food irradiation）。該技術出現已逾半個世紀，只是民眾受到誤導，以為食品照射會改變食物本質、殘留輻射於食物中、增加體內的游離基等；其實全是害怕輻射而衍生遐想。

因為民眾不接納食品照射，許多食物不經照射處理，目前歐洲食物污染就是「後果」；二十四人的死亡實在冤枉，此個案又顯示輻射恐慌的悲劇。

若非輻射恐慌，環保（包括不浪費資源）將更理性，而民生福祉將更進步。

3. 消費性產品

包括(1)煙霧偵檢器：裡面含低放射活度的鋂-241 射源，會放出阿伐粒子而游離煙霧偵檢器內的空氣，使空氣具導電性，任何進入偵檢器內的煙霧微粒會把電流抑低而啟動警報。(2)手錶及時鐘：現代的手錶和時鐘有時利用少量氫-3 當光源；釋出的貝他射線可完全被手錶的玻璃屏蔽。(3)玻璃：收藏者喜歡含鈾玻璃是因其在黑暗中會發出吸引人的光。(4)電銲條：電銲使用的銲條，於鎢桿中添加釷以增加交流電流的流量及減少電極的腐蝕。(5)肥料：商業肥料是用來提供含各種濃度的鉀、磷及氮；其中，鉀是天然的放射性元素，而磷是從含鈾的磷礦中

煙霧偵檢器

開採而得。(6)食物：低鈉鹽的替代品經常含有鉀-40。

4. 工業應用

包括(1)放射照相術在工業上的應用就如同醫師利用 X 光射線一樣地廣泛，此種技術可用於檢視金屬鑄件或焊接部位的隙及缺陷（通常這些隙縫或缺陷是很難使用其他方法偵測出來的），亦可用於度量極微小的厚度，如金屬薄片。(2)想要測量高溫下變紅的鐵板或剛製作好的潮濕紙張的厚度，是非常困難的一件事，但是若利用放射線來測量就非常容易了。(3)輻射也可以在不破壞物品的情況下，來檢查出物件內部的狀態。例如：噴射機的引擎、大樓及橋樑鋼骨的焊接，或是機場海關的檢查等。輪胎內的結構鋼絲分佈是否正常，亦可用 X 光透視檢查。(4)輻射也可以正確測出土木工程中壓實土質的密度及所含有的水分、地下水污泥的密度、高壓容器或儲存槽中的液位。(5)利用輻射照射某些物品，可以改變它的分子結構，進而創造出更堅固、更容易使用的物品。(6)利用 X 光或加馬射線照射黃金製品，會釋放出微量特性 X 光，則可分析此黃金製品成分。

5. 能源與礦物探勘

包括(1)地下資源的探測與開發，例如石油，以同位素示蹤技術瞭解地下油氣的生產流動狀況，使石油的探採能達到最佳的經濟效益。(2)中子技術可用於測量煤的熱值及含灰量（ash content），以確保燃煤的品質。(3)應用中子活化分析技

術，分析礦物所含主要元素與雜質含量，以減少礦產處理時間，且能增加產量。(4)天然加馬射線光譜早已被廣泛運用在石油、天然氣、鈾礦的探勘。經由中子活化分析法可測定四十種元素，可用於偵測金子中的稀土金屬含量，幾乎沒有其他方法可與之比擬。(5)同位素即經常用於預測鈾礦及油礦的所在處，例如利用地質岩層所釋放天然輻射（氡-222、氡-220、氡-219……）等的變動，用來探勘鈾礦。

6. 環保應用

　　包括(1)垃圾或工廠燃燒所產生的有害煙塵，可應用輻射照射而有效的殺菌消毒、分解有機物質、改變溶液特性。以電子束照射由電廠及工業煙囪中所排放的氣體，可清除其中的二氧化硫與氮氧化合物，使之轉化為硫及氮的化學肥料，可除臭、淨化空氣、改善環境衛生，減少大量的空氣污染。(2)都市廢水及污泥處理的問題，可藉助高能的輻射照射加以處理，不但可以消滅其間的病原體、分解毒物、加速堆肥發酵的過程，同時可提高廢水再利用的程度。而污泥亦可安全地使用於農作物及園藝作物的栽培，並供為反芻動物的添加飼料。(3)製紙過程產生的木質固態廢料，約有一半被焚化，另一半則被當成污泥，為了減輕衍生的廢棄物所造成的環境污染，以輻射照射進行廢棄軟木類物質的前處理，使其更進一步分解成單醣類，如葡萄醣等，亦成功地達成防治污染的效果。(4)造成環境污染的有害物質，以極低的濃度散佈在環境中。我們可以利用中子活化分析的技術，使該物質具有放

射性，再偵測被活化的放射性物質所放出輻射的能量及強度，即可測定出有毒物質的成分。(5)中子活化分析方法可偵測極低的濃度，這是一般化學分析法無法做到的測定方式。

7. 放射性定年法

1905 年，英國物理學家拉賽福（Ernest Rutherford，1908年諾貝爾化學獎得主）發現，測定物質中某些放射性元素與其衰變產物的比率，藉著射性元素的半衰期，就可計算該物質的年齡。1949 年，美國芝加哥大學教授利比（Willard Libby，1960 年諾貝爾化學獎得主）發現碳-14 定年法，其原理是：生物體在活著的時候會因呼吸、進食等不斷的從外界攝入碳-14，最終體內碳-14 與碳-12 的比值會達到與環境一致（該比值基本不變），當生物體死亡時，碳-14 的攝入停止，之後因遺體中碳-14 的衰變而使遺體中的碳-14 與碳-12 的比值發生變化，通過測定碳-14 與碳-12 的比值就可以測定該生物的死亡年代。大約每隔五千七百三十年碳-14 含量便減少一半。如果能夠量測已經死亡生物體所含放射性碳-14 的輻射強度，再參考環境背景放射性碳-14 強度，那麼就可以推算其年代。

7.1. 輻射科學顯示真相：都靈裏屍布、米格倫疑案

都靈裏屍布（Shroud of Turin），是一塊有人像面容的麻布，存放在義大利都靈的教堂。信徒說是耶穌釘十字架去世之後，曾被此麻布包裹，因其血跡而清晰紀錄耶穌當時的面

容。耶穌死於公元 36 年，但至 1356 年才有詳細關於裹屍布的歷史文獻記載。1989 年，《自然》（Nature）期刊發表文章〈以放射性碳為都靈裹屍布定年〉（Radiocarbon dating of the Shroud of Turin），作者來自美國（亞利桑那大學、哥倫比亞大學）、英國（牛津大學、英國博物館）、瑞士（蘇黎世聯邦理工學院），以碳-14 測定其年代，結論是這塊布來自 1260～1390 年。2009 年，義大利帕維亞大學（University of Pavia）有機化學教授葛拉謝力（Luigi Garlaschelli），使用中世紀科學和材料法，複製（創造）一張布其上有影像（類似都靈裹屍布）。2011 年，義大利藝術史學家布索（Luciano Buso）指出，該布多處有數字「15」隱藏在布料中，甚至有

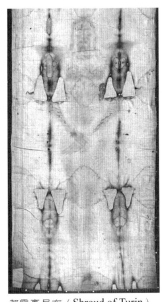

都靈裹屍布（Shroud of Turin）

「Giotto 15」的署名字樣（當時藝術家常在作品中置入部分年代數字，以保證為真跡），應是邦多納（Giotto di Bondone）1315 年的作品。

　　1945 年，荷蘭畫家米格倫（Meegeren）賣出著名的十七世紀荷蘭畫家弗美爾（Vermeer）的油畫，但被控非法賣出而遭逮捕。他說賣的畫不是真品，而是自己的仿製品。陪審團以化學分析和 X 射線探測，認為米格倫的供詞是正確的。但有人不信米格

倫能仿造那般逼真的畫。1968 年，美國卡內基—梅隆大學的科學家以放射性檢測而定案。其原理為：油畫顏料中含鉛，鉛有幾種同位素，其中鉛-210 的半衰期二十二年。鉛-210 由鐳-226 衰變而來的。含鉛的顏料中難免含少量的鐳，造成一種動態平衡（單位時間內，鐳-226 衰變成鉛-210 的數量等於鉛-210 衰變掉的數量，導致鉛含量不變）。但這平衡需要二三百年，因此，只要測出鉛-鐳重新形成放射平衡的時間，就可知繪畫的年代。鑑定時測量顏料中釙-210 和鐳-226 的阿伐衰變率，而非直接測量鉛-210，因釙-210 由鉛-210 衰變而來，鉛-210 在衰變中產生貝他粒子，釙--210 產生的是阿伐粒子，阿伐粒子的能量比貝他粒子高得多，容易測量；另外，釙-210 的半衰期只有一百三十八天，只要幾年的功夫就和鉛-210 達平衡。如果釙-210 和鐳-226 的阿伐衰變率相差很大，表示鉛-210 沒和殘存的鐳放射平衡，則油畫為現代作品。反之為古畫。米格倫賣的油畫，釙-210 和鐳-226 的衰變率分別是 8.5 和 0.1，可知顏料很新，確為其仿作。

附錄六、國際相關組織

　　2012 年，全世界三十一國有四百四十一座核電廠，它們均受到該國政府嚴格管制，也參與世界各相關組織，除了國際力量「監督約束」外，也「互相切磋、彼此借鏡」。

1. 國際原子能總署

　　1957 年 7 月 29 日，國際原子能總署（International Atomic Energy Agency，IAEA）成立，為聯合國監督的和平使用核能國際組織，向聯合國大會與安全理事會報告。其源頭是 1953 年，美國艾森豪總統在聯合國大會演講「原子服務和平」（Atoms for Peace），提議創建國際組織管理與提倡原子能的和平用途。2005 年，該機構及其總幹事埃爾巴拉迪（Mohamed ElBaradei），因「防止核能被用於軍事目的，並確保最安全的和平利用核能」而共同獲得諾貝爾和平獎。代表接受 2005

國際原子能總署（維也納）

國際原子能總署旗幟

年諾貝爾獎時，埃爾巴拉迪指出，只要全球發展新武器的經費，撥出 1%即可餵飽全球；另外，核子武器沒讓人類更安全，若人類要避免自我毀滅，則必須消除核子武器。

國際原子能總署的總部設於奧地利維也納維也納國際中心。它共有一百五十個成員國。總署目標在安全、科技、防護與查證。它有二個「區域防護辦公室」（加拿大多倫多、日本東京）。總署有二個聯絡辦公室（美國紐約、瑞士日內瓦）。總署有三個實驗室（奧地利的維也納和賽柏都夫 Seibersdorf、摩納哥）。2007 年日本新潟縣中越沖地震（芮氏規模 6.8），導致東京電力柏崎刈羽核電廠自動停機後，總署在2008 年成立「國際地震安全中心」，增進會員國分享資訊與經驗。該中心建立安全規範與應用，例如，核電廠的選址與防震。國際原子能總署要求回報甚至微小事件。

國際原子能總署協助開發中國家系統劃地發展核能發電，例如，在印尼、約旦、泰國、越南。總署報告指出，約有六十國家考慮將核能列為國家能源選項。2004 年，為回應開發中國家建立、改善、擴充放射治療計畫的需求，總署提出「治療癌症的行動計畫」，協助會員國救治病患與減少其痛苦。台灣不是會員國，但可透過「台美協定」等方式參與資訊分享。

2. 經濟合作暨開發組織核能署

1958 年，經濟合作暨開發組織（OECD）下設歐洲核能署（European Nuclear Energy Agency, ENEA）。1972 年，日本加

入後，改名為核能署（Nuclear Energy Agency, NEA）。目前有二十九個會員國，產生核能電力占全球 89%；會員國中的核能電力約占其發電的四分之一。該署在指導委員會下設置八個常設技術委員會：放射性廢棄物管理、輻射防護與公共健康、核設施安全、核能管制、核能發展與核燃料循環的技術及經濟發展、核能法規、核子科學、資料庫執行團。通常一年召開大會一次。因為國際原子能總署為聯合國的單位，政治性很高，以我國外交處境，限制很多；相對的，經濟合作暨開發組織和聯合國無關，且強調經濟層面問題，故較具參加彈性，各專家小組均能務實且前瞻地研討問題，並提出對策。我國參與其「合作除役計畫、核安電腦系統、風險評估工作小組、國際核子緊急作業」。

3. 國際能源總署

1974 年，國際能源總署（International Energy Agency, IEA）總部設於法國巴黎，由經濟合作與發展組織為應對第一次石油（能源）危機而設立。起初國際能源署致力於預防石油供給的異動，同時亦提供國際石油市場及其他能源領域的統計情報。為二十八個成員國（經濟合作與發展組織會員國、智利、愛沙尼亞、冰島、以色列、墨西哥、斯洛文尼亞）與一些非成員國（中國、印度、俄羅斯等）提供政策顧問。該署致力於 3E能源政策（能源安全、經濟發展、環境保護與減輕氣候變遷）、替代能源（包括再生能源）、國際合作等。該署每年出版《世界能源展望》（World Energy Outlook），

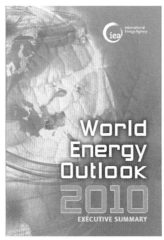
國際能源總署發表的 2010 年世界
能源展望

2010 年報告中指出，《哥本哈根協議》（Copenhagen Accord, 2009 年 12 月）要求保持全球平均溫度較工業化前的升幅不超過 2°C（長期目標為 1.5°C 以內）。但至少在 2035 年前，石化燃料的需求與日俱增，不可能達到 2°C 的目標。

4. 美國核能運轉協會

1979 年，三哩島事故後，美國總統卡特任命「侃莫尼委員會」（Kemeny Commission）調查，其報告指出(1)核能電廠業者應成立計畫明示安全標準，也實施獨立評估；(2)所有核能電廠必須系統劃地收集、評審、分析操作經驗，結合國際業界通訊網路，以促進快速事件資訊流。於是，美國核能業界(1)成立美國核能運轉協會（Institute of Nuclear Power Operations, INPO）；(2)賦予該協會「促進核能電廠的最高級安全與可靠度（卓越）」任務。台電公司是美國核能運轉協會的國際會員。

5. 世界核能發電協會

1989 年，在蘇聯車諾比事件後，全球核能發電業界深覺全球的核能發電同業應該加強彼此之間的聯繫，互相交換經驗、事故時能及早提供資訊，互相支援；1989 年在蘇俄莫斯

科成立世界核能發電協會（World Association of Nuclear Operators, WANO），為非官方的全球性核能組織，世界上所有核能業者均為其會員，總部在英國倫敦，又設東京、巴黎、莫斯科、亞特蘭大等設四個區域中心。1997 年，設立「運轉經驗中央小組」，專責運轉經驗回饋計畫。世界核能發電協會經由四個主要作業確保安全：同儕評審、分享經驗、技術支援與交換、專業與技術發展。直到 2009 年底前，全球每座民用核能電廠均至少同儕評審過一次。因為日本事故，每四年評審每廠一次，期間還有後續訪廠；評審範圍除了操作安全，還加上工廠設計的強化。台電公司為創始會員之一。

6. 世界核子組織

2001 年，鈾協會（Uranium Institute，創立於 1975 年）改名為世界核子組織（World Nuclear Association, WNA），此國際組織促進核能應用，支持全球核能產業公司，其會員為核燃料相關成員，包括鈾礦、鈾處理、製作燃料、建廠、運輸、廢棄物處理、發電等。該組織協助會員國促進技術與商業與政策事宜、促進民眾瞭解核子科技。聯合國承認其為獨立與非營利組織。

7. 全球核能夥伴計畫

2006 年，美國發起「全球核能夥伴計畫」（Global Nuclear Energy Partnership，GNEP），會員國包含美、英、俄、日、中、韓等二十一國。目標再發展用過核燃料再循環技術，

達到減少廢棄物量、減輕處置場負擔的目標;採用新世代反應器,建立國際核燃料供應網。

全球核能夥伴計畫志在將用過核燃料再循環,破壞裡面的長半化期放射性物質。因此為了達到目標,需要建造三種設施:(1)核燃料再循環中心:將用過核燃料中可再用和廢棄物的成分分離,並以可再用的物質製造新核燃料。(2)進步型再循環反應器(快中子反應器):發電時,將新核燃料中長半化期元素破壞。(3)先進核燃料循環研究設施:研究用過核燃料再循環加工過程和其他先進核燃料循環面向。

8. 中華民國核能學會

1972 年,行政院原子能委員會、清華大學、核能研究所、台灣電力公司等,發起成立中華民國核能學會,第一屆理事長為鄭振華(時任行政院原子能委員會秘書長)。學會以研究核能科學技術、發展核能應用、協助我國核能建設為宗旨。設置朱寶熙紀念獎及核工獎學金等。2006 年,成立法制作業、志工服務、學術活動、關懷溝通、國際合作、行政秘書、財務規畫等七個工作小組。1988 年 7 月成立「核能資訊中心」,1989 年起,出版《核能簡訊》雙月刊,為大眾介紹能源、電廠安全、核能廢料、核能事故、環境保護、輻射防護、法規與政策到原子能和平用途等。1997 年,改為「財團法人核能資訊中心」,由前清華大學原子科學研究所所長翁寶山教授為第一任董事長。

附錄七、培育核工人才

　　因為社會誤導，家長和學生避開核能科系和研究所，導致人力出現斷層。2006 年 4 月 21 日，當時中研院院長李遠哲在國家永續會議表示[1]，科技進步讓核能安全和核廢棄物不成難題，再生能源技術發展純熟還需半世紀，政府宜多培養核能相關人才。

　　2008 年，清大工程與系統科學系主任李敏演講「大專院校的人才教育與核能產業的就業機會」指出，工程與系統科學系前身為核子工程學系，成立於 1964 年，1997 年更名為「工程與系統科學系」。四十餘年來培育學士超過二千三百人，碩士超過一千二百人，博士超過一百人。改名的原因是因為大學入學考試核工系的排名慘不忍睹，以前最好的時候是全國第六，最差時跌到八十二名（總系所數約五、六百個），改名之後明顯回升到三十多名。名次回升的原因是系名改名。台灣有些科技大學亦提供核子工程學程，讓技職體系的學生獲得核子工程的訓練，例如台北科技大學與龍華科技大學之工學院。有些大學亦提供基礎核工導論供理工學院的學生進修。

　　2006 年，日本創立「資深網路（Senior NetWork）委員

---

[1] 全世界二氧化碳排放量，每人每年平均 3.98 噸，而台灣高達 12.4 噸，全球第三；我國二氧化碳減量是當務之急。

會」，原因之一在擔心修習核工的學生越來越少，希望多鼓勵。後來日本核工系恢復到第一、二志願，主因為核能復甦，工作機會變多。日本東芝公司最近來台徵才，希望從台灣取得每年約三十名的工程人才。

附錄八、我國核能大事記

1955 年 6 月	行政院成立原子能委員會。
1955 年 6 月	台電公司成立原子動力研究委員會。
1955 年 7 月	清華大學在臺復校並成立原子科學研究所。
1955 年 7 月	簽訂「中美合作研究原子能和平用途協定」。
1961 月 4 月	清華大學反應器首次達成臨界（開始反應）。
1968 年 7 月	原子能委員會成立核能研究所。
1969 年 10 月	與國際原子能總署簽訂雙邊核子保防協定。
1972 年 12 月	我國退出國際原子能總署組織。
1973 年 1 月	核能研究所反應器達成臨界（開始反應）。
1978 年 11 月	我國開始核能發電（核一廠併聯發電）。
1982 年 5 月	蘭嶼貯存場正式展開作業。
1997 年 1 月	原能會輻射偵測中心成立。

原能會全天候核安監管中心

原能會與國際原子能總署視察員執行核子保防作業

附錄九、參考文獻

1. 美日政府聯合研究原爆倖存者健康效應的成果包括——①美國國家科學院、美國醫學研究院、美國國家工程院等三院聯合出版，〈輻射的健康效應：輻射效應研究基金會的發現〉（Health Effects of Radiation: Findings of the Radiation Effects Research Foundation），2003 年。②美國國家衛生研究院的國家癌症研究所科學家普列斯頓（Dale L. Preston），發表〈原子彈倖存者研究：歷史、劑量學、風險評估〉（Atomic Bomb Survivor Studies: History, Dosimetry, Risk Estimation），2007 年。③美日輻射效應研究基金會〈五十週年紀念與展望未來〉，1997 年。

2. 清大模範老師李敏教授（有時與同仁聯合）發表許多核能相關文章，例如，〈放射性廢棄物難處理，是虛擬，還是實境？〉、〈美麗新世界——核能與文明的永續未來〉等文章。

3. 美國國家工程院院士科恩（Bernard Cohen），出書《核能選項》（The Nuclear Energy Option, 1990）和《亡羊補牢：支持核能的科學家之言》（Before It's Too Late: A Scientist's Case for Nuclear Energy, 1983）。以定性和定量方法，詳細分析各種發電方式的利弊得失與其間的互補

性等。

4. 曾任職美國核管會的廖本達
博士，於 1987 年受邀回
台協助核能事宜，後來在
1998 年結集在報紙專文
而成書《鄉土情懷──核
電與環保政治》。他對國
內反核情況很失望，例
如，有些人「核四公投苦
行」，他認為「其行可
感、其情可議、其愚可
悲」。

廖本達熱心為國而寫書

5. 日本福島核能電廠事故後二天（2011 年 3 月 13 日），網
路上立即流傳美國麻省理工學院研究科學家歐門（Josef
Oehmen）的文章〈為何我不擔心日本核反應器〉（Why
I am not worried about Japan's nuclear reactors.），因有人
擔心日本情況而請他解析。

6. 我國原子能委員會、台電公司、核能資訊中心、清華大學
等單位提供正確與豐富的核能與輻射資訊，值得參閱。
本書引用其中許多資訊。

7. 朱鐵吉，〈不需要聞「輻」色變：生活環境中的天然輻
射〉，《核能簡訊》，129 期，2011 年 4 月 15 日。他是
清大榮譽退休教授，曾任核能資訊中心董事長。

8. 〈聞劉黎兒、王銘琬反核〉，何榮幸，《中國時報》，

2011 年 11 月 16 日。劉黎兒於 2011 年在台灣發表許多聳動的文章,包括〈日本核能專家的末日警告:一個讓台灣七百萬人瞬間致癌的危機〉,《今週刊》,2011 年 11 月 28 日。

9. 〈王俊秀:我們還有其他選項〉,《科學人》,2011 年 6 月。清大社會學研究所教授王俊秀,現也是台灣環境保護聯盟會長。

10. 經濟部核四計畫再評估委員會於 2000 年 9 月出版幾本書,包括《核四計畫再評估總報告》、《核四計畫再評估委員會議紀錄》、《廢止核四評估—民進黨立院黨團環境政策小組》、《新黨反核四白皮書》等。包括台大公衛和化工教授等反核者同時提供資料給民進黨和新黨。

為何害怕核能與輻射？

作者◆林基興

發行人◆施嘉明

總編輯◆方鵬程

主編◆葉幗英

責任編輯◆徐平

出版發行：臺灣商務印書館股份有限公司

臺北市重慶南路一段三十七號

電話：(02)2371-3712

讀者服務專線：0800056196

郵撥：0000165-1

網路書店：www.cptw.com.tw

E-mail：ecptw@cptw.com.tw

網址：www.cptw.com.tw

局版北市業字第 993 號

初版一刷：2012 年 5 月

定價：新台幣 320 元

ISBN 978-957-05-2707-0

為何害怕核能與輻射？ ／林基興著. -- 初版. -- 臺
北市：臺灣商務， 2012. 05
面 ； 公分. --

ISBN 978-957-05-2707-0(平裝)

1. 核能　2. 輻射能　3. 核能汙染

449.1　　　　　　　　　　101006151

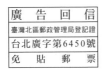
100台北市重慶南路一段37號

臺灣商務印書館　收

對摺寄回，謝謝！

傳統現代　並翼而翔

Flying with the wings of tradtion and modernity.

讀者回函卡

感謝您對本館的支持，為加強對您的服務，請填妥此卡，免付郵資
寄回，可隨時收到本館最新出版訊息，及享受各種優惠。

■ 姓名：＿＿＿＿＿＿＿＿＿＿＿＿　　　性別：□ 男　□ 女

■ 出生日期：＿＿＿＿年＿＿＿＿月＿＿＿＿日

■ 職業：□學生　□公務(含軍警)　□家管　□服務　□金融　□製造
　　　　□資訊　□大眾傳播　□自由業　□農漁牧　□退休　□其他

■ 學歷：□高中以下（含高中）□大專　□研究所（含以上）

■ 地址：＿＿＿＿＿＿＿＿＿＿＿＿＿＿＿＿＿＿＿＿＿＿＿＿＿
　　　　＿＿＿＿＿＿＿＿＿＿＿＿＿＿＿＿＿＿＿＿＿＿＿＿＿

■ 電話：(H)＿＿＿＿＿＿＿＿＿＿　(O)＿＿＿＿＿＿＿＿＿

■ E-mail：＿＿＿＿＿＿＿＿＿＿＿＿＿＿＿＿＿＿＿＿＿

■ 購買書名：＿＿＿＿＿＿＿＿＿＿＿＿＿＿＿＿＿＿＿

■ 您從何處得知本書？

　　□網路　□DM廣告　□報紙廣告　□報紙專欄　□傳單
　　□書店　□親友介紹　□電視廣播　□雜誌廣告　□其他

■ 您喜歡閱讀哪一類別的書籍？

　　□哲學・宗教　□藝術・心靈　□人文・科普　□商業・投資
　　□社會・文化　□親子・學習　□生活・休閒　□醫學・養生
　　□文學・小說　□歷史・傳記

■ 您對本書的意見？（A/滿意　B/尚可　C/須改進）

　　內容＿＿＿＿＿編輯＿＿＿＿校對＿＿＿＿翻譯＿＿＿＿
　　封面設計＿＿＿＿價格＿＿＿＿其他＿＿＿＿＿＿＿

■ 您的建議：＿＿＿＿＿＿＿＿＿＿＿＿＿＿＿＿＿＿＿＿＿

※ 歡迎您隨時至本館網路書店發表書評及留下任何意見

臺灣商務印書館　The Commercial Press, Ltd.

台北市100重慶南路一段三十七號　電話：(02)23115538
讀者服務專線：0800056196　傳真：(02)23710274
郵撥：0000165-1號　E-mail：ecptw@cptw.com.tw
網路書店網址：http://www.cptw.com.tw　部落格：http://blog.yam.com/ecptw
臉書：http://facebook.com/ecptw